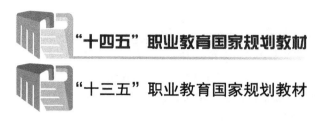

"十四五"职业教育国家规划教材

"十三五"职业教育国家规划教材

传感器应用实例

主　编　宋　涛　汤利东

副主编　唐建华　叶　萍　司　杰

参　编　田瑞瑞　严彩娟　钱　洁

　　　　刘　敏

机械工业出版社

本书是"十四五"职业教育国家规划教材。

本书介绍了面向物联网应用的现代传感器技术，以培养学生实践动手能力为核心，以生产生活中典型项目为载体，将传感器技术的相关知识融入到各个项目的制作过程中，体现"项目引领，工学一体"的教学模式，力求让学生在"行动导向"的学习情境中了解传感器的工作特性，学会传感器的选用、安装和使用。

本书共9个项目，包括制作酒精浓度测试仪、制作金属探测器、制作电容式差压变送器、制作转速测量仪、制作电子水平度测试仪、制作超声波测距仪、制作热水器加热炉温度检测单元、制作光电液位检测仪和制作智能家居中的温度测量仪。

本书可作为各类职业院校物联网应用技术专业的教材，也可作为物联网相关岗位的培训用书。为方便教学，本书配有免费电子课件，选用本书作为教材的老师可登录机械工业出版社教育服务网（www.cmpedu.com）免费注册下载或联系编辑（010-88379194）咨询。

图书在版编目（CIP）数据

传感器应用实例/宋涛，汤利东主编．—北京：机械工业出版社，2017.5（2024.6重印）
职业教育物联网应用技术专业改革创新教材
ISBN 978-7-111-56879-7

Ⅰ．①传…　Ⅱ．①宋…　②汤…　Ⅲ．①传感器—中等专业学校—教材
Ⅳ．①TP212

中国版本图书馆CIP数据核字（2017）第108674号

机械工业出版社（北京市百万庄大街22号　邮政编码100037）
策划编辑：梁　伟　　责任编辑：李绍坤　王　荣
责任校对：王　延　　封面设计：鞠　杨
责任印制：单爱军

北京虎彩文化传播有限公司印刷

2024 年 6 月第 1 版第 8 次印刷
184mm×260mm · 11印张 · 270千字
标准书号：ISBN 978-7-111-56879-7
定价：36.00元

电话服务　　　　　　　　　网络服务
客服电话：010-88361066　　机 工 官 网：www.cmpbook.com
　　　　　010-88379833　　机 工 官 博：weibo.com/cmp1952
　　　　　010-68326294　　金 书 网：www.golden-book.com
封底无防伪标均为盗版　　机工教育服务网：www.cmpedu.com

关于"十四五"职业教育
国家规划教材的出版说明

为贯彻落实《中共中央关于认真学习宣传贯彻党的二十大精神的决定》《习近平新时代中国特色社会主义思想进课程教材指南》《职业院校教材管理办法》等文件精神，机械工业出版社与教材编写团队一道，认真执行思政内容进教材、进课堂、进头脑要求，尊重教育规律，遵循学科特点，对教材内容进行了更新，着力落实以下要求：

1.提升教材铸魂育人功能，培育、践行社会主义核心价值观，教育引导学生树立共产主义远大理想和中国特色社会主义共同理想，坚定"四个自信"，厚植爱国主义情怀，把爱国情、强国志、报国行自觉融入建设社会主义现代化强国、实现中华民族伟大复兴的奋斗之中。同时，弘扬中华优秀传统文化，深入开展宪法法治教育。

2.注重科学思维方法训练和科学伦理教育，培养学生探索未知、追求真理、勇攀科学高峰的责任感和使命感；强化学生工程伦理教育，培养学生精益求精的大国工匠精神，激发学生科技报国的家国情怀和使命担当。加快构建中国特色哲学社会科学学科体系、学术体系、话语体系。帮助学生了解相关专业和行业领域的国家战略、法律法规和相关政策，引导学生深入社会实践、关注现实问题，培育学生经世济民、诚信服务、德法兼修的职业素养。

3.教育引导学生深刻理解并自觉实践各行业的职业精神、职业规范，增强职业责任感，培养遵纪守法、爱岗敬业、无私奉献、诚实守信、公道办事、开拓创新的职业品格和行为习惯。

在此基础上，及时更新教材知识内容，体现产业发展的新技术、新工艺、新规范、新标准。加强教材数字化建设，丰富配套资源，形成可听、可视、可练、可互动的融媒体教材。

教材建设需要各方的共同努力，也欢迎相关教材使用院校的师生及时反馈意见和建议，我们将认真组织力量进行研究，在后续重印及再版时吸纳改进，不断推动高质量教材出版。

机械工业出版社

前言

党的二十大报告提出"加快发展物联网"，物联网是现代信息技术发展到一定阶段后出现的一种聚合性应用与技术的提升，是各种感知技术的广泛应用，通过各种类型的传感器，捕获不同内容和格式的实时信息。"物联天下，传感先行"，由此可知传感器是物联网感知世界的首要环节。

本书从职业院校学生的角度出发，坚持"项目引领，工学一体"的教学模式，着眼于提高学生的应用能力和解决实际问题的能力，使学生在学完本课程后，能认识物联网行业中常见的传感器，学会选择、安装、使用传感器，搭建简易的传感检测系统等专业技能，成为适应生产、建设、管理、服务第一线需要的，具有较高素质的应用型技能人才。

本书的特点如下：

1）本书打破了传统教学的学科知识体系式教学内容，构建基于工作过程的学习领域和职业技能培训模式以及职业岗位标准的课程内容，以培养学生实践动手能力为核心，以生产生活中典型项目为载体，将传感器技术的相关知识融入到各个项目中，逐步提高学生的认知能力、操作技能和对岗位的适应能力。

2）本书力求体现基础性、趣味性、技术性和开拓性相统一的编写理念，突出实践性、应用性和层次性的特征，不求体系完整，强调学生易学、易懂和易接受，激发学生对所学专业课程的兴趣，鼓励学生进行创新。

3）本书根据物联网行业中常见的传感器，选择了制作酒精浓度测试仪、制作金属探测器、制作电容式差压变送器、制作转速测量仪、制作电子水平度测试仪、制作超声波测距仪、制作热水器加热炉温度检测单元、制作光电液位检测仪和制作智能家居中的温度测量仪9个项目，每个项目都提出了明确的"项目目标"，项目内容包括"项目描述""项目分析""项目实施""知识拓展""项目评价""项目测试""项目小结"环节，并提供了电路原理图、元器件清单及大量实物图片，帮助读者学习，使读者能轻松入门。

本书计划学时数为54学时，各项目的参考学时见下表。

项　　目	动手操作学时	理　论　学　时
项目1　制作酒精浓度测试仪	4	2
项目2　制作金属探测器	4	2
项目3　制作电容式差压变送器	4	2
项目4　制作转速测量仪	4	2
项目5　制作电子水平度测试仪	4	2
项目6　制作超声波测距仪	4	2
项目7　制作热水器加热炉温度检测单元	4	2
项目8　制作光电液位检测仪	4	2
项目9　制作智能家居中的温度测量仪	4	2

本书由浙江信息工程学校宋涛和汤利东主编，唐建华、叶萍和司杰担任副主编，参加编写的还有田瑞瑞、严彩娟、钱洁和刘敏。宋涛编写项目1，汤利东编写项目6，唐建华编写项目4，叶萍编写项目2，田瑞瑞编写项目3，司杰编写项目5，严彩娟编写项目7，钱洁编写项目8，刘敏编写项目9。

在本书编写过程中得到了上海企想信息技术有限公司的大力支持和技术指导，在此深表感谢！

由于编者水平有限，书中难免有错漏或不妥之处，恳请广大读者提出宝贵的意见和建议，以便进一步完善本书。

编　者

CONTENTS目录

目录 CONTENTS

项目4　制作转速测量仪

项目5　制作电子水平度测试仪

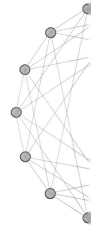

CONTENTS目录

目录 CONTENTS

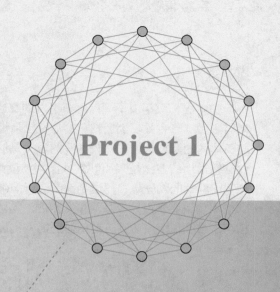

Project 1

项目 **1**

制作酒精浓度测试仪

项目目标

1）了解常用气体传感器的型号及特点。

2）了解气体传感器的原理和特性。

3）掌握选用和检测MQ系列气体传感器的方法。

4）掌握按照方案进行酒精浓度测试仪的制作和调试的方法。

5）掌握对项目实施进行评价的方法。

项目描述

在中国，每年由于酒后驾车引发的交通事故达数万起，造成死亡的交通事故中，50%以上都与酒后驾车有关。酒后驾车的危害触目惊心，已经成为交通事故的第一大"杀手"。测量驾驶员体内的酒精含量，比较准确的方法是抽血检测，但是抽血检测需要到医院进行。因此，目前交警常用的方法是采用呼气式酒精浓度测试仪（见图1-1）对驾驶员进行现场检测，发现有酒驾或醉驾的驾驶员，再送到医院进行准确的测量。

本项目要求设计一款简单实用的酒精浓度测试仪，能够对气体中酒精浓度的不同有明显的指示，当酒精浓度达到一定值时还能发出声光报警，如图1-2所示。

图1-1　呼气式酒精浓度测试仪

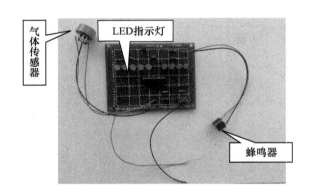

图1-2　酒精浓度测试仪

项目分析

要检测驾驶员口腔呼出的气体中酒精气体的浓度，实质上就是将酒精气体的浓度转化为电参量，即电压或电流信号。由于酒精气体属于还原性气体，因此需要选用还原性气体传感器来进行检测。所谓还原性气体就是化学反应中能够给出电子、化学价升高的气体。大多数还原性气体属于可燃性气体，如汽/柴油蒸气、酒精蒸气、甲烷、乙烷、天然气、煤气、氢气等。

还原性气体传感器通常能够将气体浓度的变化转化为电阻值的变化，为了对检测结果进行显示和发出声光报警，在电路中还需要设计测量转换电路，将电阻值的变化转换成相应的电压变化。

根据以上分析，需要进行如下工作：

1）根据任务要求设计项目整体制作方案。
2）根据项目制作方案设计合理的电路。
3）根据电路原理图准备工具及元器件。
4）根据元器件的特征或参数，学会元器件的检测方法。
5）根据电路原理图，进行酒精浓度测试仪的安装。
6）根据设计要求，对安装完成的酒精浓度测试仪进行调试。
7）完成项目的评价与测试。

1. 整体方案设计

根据自动检测系统的组成结构，该酒精浓度检测仪应包含酒精气体传感器、信号处理电路和执行指示机构等部分。对于酒精气体传感器，只要是一般性的还原性气敏传感器都能够使用，本设计拟采用常见的酒精气体传感器TGS822或MQ—3，再通过分压式电路将传感器电阻的变化量转换成电压的变化量，然后通过发光二极管的颜色和数量的不同来指示酒精气体浓度的不同。当酒精气体浓度超出设定的某阈值后用蜂鸣器发出声响提示，其系统框图如图1-3所示。

图1-3 酒精浓度测试仪的系统框图

2. 电路设计与工作原理分析

本设计采用5V电压供电，前端是MQ—3型酒精气体传感器，利用电阻分压电路将酒精浓度由电阻量转化为电压量，通过发光二极管（LED）通用电平显示驱动芯片LM3914按照电压大小驱动输出相应的发光二极管和蜂鸣器。电路原理图如图1-4所示。当气体传感器检测不到酒精时，加在LM3914显示驱动芯片5脚的电平为低电平，发光二极管不亮；当气体传感器检测到酒精时，其内阻变低，从而使5脚电平变高，而且电平与酒精浓度成正比。随着5脚电平的逐步升高，发光二极管依次点亮发光，前面5个为绿色，代表酒精浓度处于安全水平，防止驾驶员没有饮酒，但刚吃过少量含酒精成分食品时，被误判断为酒后驾车。当达到一定阈值时，蜂鸣器被触发，发出报警声。后面4个发光二极管为红色，点亮个数越多，表示酒精浓度越高，即饮酒量越多。

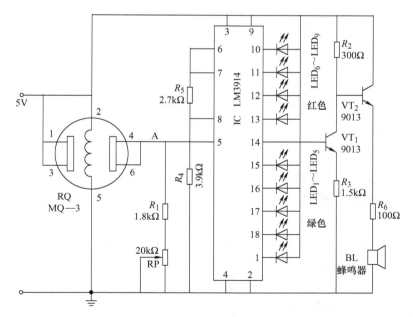

图1-4 酒精浓度测试仪电路原理图

项目实施

1. 准备工具与元器件

（1）工具清单

电烙铁1把、焊锡丝1卷、稳压电源1台、数字万用表1只、示波器1台、常用旋具1套、酒精液体100mL、导线若干。

（2）元器件清单（见表1-1）

表1-1　酒精浓度测试仪元器件清单

序　号	元器件名称	代　号	规　格	数　量
1	传感器	RQ	MQ—3	1个
2	芯片	IC	LM3914	1块
3	电阻	R_1	1.8kΩ	1个
4	电阻	R_2	300Ω	1个
5	电阻	R_3	1.5kΩ	1个
6	电阻	R_4	3.9kΩ	1个
7	电阻	R_5	2.7kΩ	1个
8	电阻	R_6	100Ω	1个
9	电位器	RP	20kΩ	1个
10	晶体管	VT_1、VT_2	9013	2个
11	发光二极管	LED_1～LED_5	绿色	5个
12	发光二极管	LED_6～LED_9	红色	4个
13	蜂鸣器	BL		1个
14	万能焊接板			1块

2．安装与调试

（1）核心元器件选用

本项目选用的核心传感元器件是MQ—3型气体传感器，如图1-5所示。MQ—3型气体传感器的主要材料是活性很高的金属氧化物，一般是SnO_2。金属氧化物半导体在空气中被加热到一定温度时，氧原子被吸附在带负电荷的半导体表面，半导体表面的电子会被转移到吸附氧上，氧原子就变成了氧负离子，同时在半导体表面形成一个正的空间电荷层，导致表面势垒升高，从而阻碍电子流动，电阻增大。当半导体表面在高温下遇到容易失去电子的还原性气体时，气体分子中的电子将向气敏电阻表面转移，使气敏电阻中的自由电子浓度增加，电阻率降低，电阻减小。MQ—3型气体传感器的特点是灵敏度高、快速响应恢复、稳定性好、使用寿命长、驱动电路简单、输出信号强。

MQ—3型气体传感器由微型Al_2O_3陶瓷管、SnO_2敏感层、测量电极和加热器构成。敏感元器件固定在塑料制的腔体内，加热器为气体元器件提供了必要的工作条件。封装好的MQ—3有6只引脚，其中4个引脚（1、3、4、6）用于信号输出，2个引脚（2、5）用于提供加热电流。连接电路时，一般1、2、3脚接5V电源，5脚接地，4、6脚为输出端，如图1-6所示。

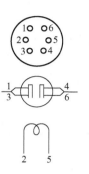

图1-5　MQ—3型气体传感器　　　　图1-6　MQ—3型气体传感器引脚排列

MQ—3型气体传感器的性能指标如下：

- 探测气体：酒精（乙醇）；
- 探测范围：（10～1000）×10^{-6}；
- 特征气体：125×10^{-6}；
- 灵敏度：R（空气中）/R（典型气体中）≥5；
- 敏感体电阻：1～20kΩ（空气中）；
- 响应时间：≤10s（70%　响应）；
- 恢复时间：≤30s（70%　响应）；
- 加热电阻：31Ω±3Ω；
- 加热电流：≤180mA；
- 加热电压：5.0V±0.2V；
- 加热功率：≤900mW；
- 测量电压：≤24V；
- 工作条件：环境温度：−20～55℃；
　　　　　　湿度：≤95%RH；
　　　　　　环境含氧量：21%存储条件。

（2）元器件检测

1）根据元器件清单，进行元器件的清点和分类，如图1-7所示。

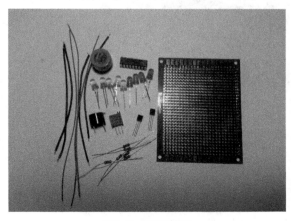

图1-7　元器件图

项目1

项目2

项目3

项目4

项目5

2）识别集成电路LM3914和气体传感器MQ—3引脚。

3）识别发光二极管引脚。

4）使用万用表对电阻器和电位器进行检测，并记录阻值。

将检测结果（是否损坏）填入表1-2中。

表1-2　元器件检测

序　号	元器件名称	代　号	检测结果
1	传感器	RQ	
2	芯片	IC	
3	电阻	R_1	
4	电阻	R_2	
5	电阻	R_3	
6	电阻	R_4	
7	电阻	R_5	
8	电阻	R_6	
9	电位器	RP	
10	晶体管	VT_1、VT_2	
11	发光二极管	$LED_1 \sim LED_9$	
12	蜂鸣器	BL	

知识小贴士

发光二极管管脚正负极的判断方法有3种：

1）观察管脚的长短，长的为正极，短的为负极。

2）使用模拟万用表电阻档（×1k）测量二极管的正反向电阻，阻值小时，与黑表笔相连的是发光二极管的正极。

3）观察发光二极管内部结构，如图1-8所示。

支架大的连接的引脚是负极，支架小的连接的引脚是正极。

图1-8　发光二极管内部结构

（3）元器件成形加工

安装前对各元器件引脚进行成形处理，为保证引脚成形的质量和一致性，应使用专用工具和成形模具，按照工艺要求对元器件进行引脚成形。再将各元器件引脚准备焊接处进行刮削去污，去氧化层，然后在各引脚准备焊接处上锡。

（4）酒精浓度测试仪的安装

将经过成形、处理过的元器件按原理图（见图1-4）在万能焊接板上进行合理布局，元器件参考布局如图1-9所示。然后进行焊接安装，安装时各元器件均不能装错，特别要注意有极性的元器件不能装反，如发光二极管和集成电路等。安装工艺要求见表1-3。

图1-9　元器件布局图

表1-3　元器件安装工艺要求

序　号	元器件名称	代　号	安装工艺要求
1	传感器	RQ	垂直安装，注意分清引脚排列顺序
2	芯片	IC	垂直安装，注意分清引脚排列顺序
3	电阻	$R_1 \sim R_6$	水平贴板卧式安装，色环朝向一致
4	电位器	RP	垂直安装，注意分清引脚排列顺序
5	晶体管	VT_1、VT_2	垂直安装、注意分清引脚排列顺序
6	发光二极管	$LED_1 \sim LED_9$	垂直安装，注意正负极方向
7	蜂鸣器	BL	从板上引出导线连接

焊接组装成品如图1-10所示。

图1-10　酒精浓度测试仪成品图

（5）酒精浓度测试仪的调试

步骤一：调试仪器准备。

需准备直流稳压电源、数字万用表等。

步骤二：通电前检查。

1）检查晶体管管脚是否装错，发光二极管正负极性是否装反。

2）检查集成电路引脚连接是否正确。

3）检查气体传感器引脚连接是否正确。

4）检查电路连线是否正确，各焊点是否焊牢，元器件是否相互碰触。

5）用数字万用表通断档测量电源正负接入点之间电阻，应为高阻状态。如有短路现象，应立即排查。

步骤三：通电调试。

1）测量静态电压。使用稳压电源给电路接通5V电源，用数字万用表测量图1-4中A点对地电压、各发光二极管与集成芯片相连端的电压和晶体管VT$_1$、VT$_2$各管脚的静态电压值，记录在表1-4中，并分析两管当前工作状态。

表1-4　测量静态电压

测量点	U_B	U_C	U_E	工作状态
VT$_1$				
VT$_2$				
发光二极管	与集成芯片相连端的电压		是否发光	
LED$_1$				
LED$_2$				
LED$_3$				
LED$_4$				
LED$_5$				
LED$_6$				
LED$_7$				
LED$_8$				
LED$_9$				
A点电压				

2）动态电压调试。使用稳压电源，一路给电路接通5V电源，另一路通过1kΩ电阻给芯片5脚和地之间接入从0.2V逐步升高到5V的电压，观察发光二极管和蜂鸣器的变化。正常应该是LED$_1$～LED$_9$依次被点亮，在LED$_5$和LED$_6$被点亮之间，蜂鸣器将发出声音，并一直持续。用数字万用表测量蜂鸣器刚发出声音时，各发光二极管与集成芯片相连端的电压和晶体管VT$_1$、VT$_2$各管脚的电压值，记录在表1-5中。

表1-5　测量动态电压

测量点	U_B	U_C	U_E	工作状态
VT$_1$				
VT$_2$				
发光二极管	与集成芯片相连端的电压		是否发光	
LED$_1$				
LED$_2$				
LED$_3$				
LED$_4$				
LED$_5$				
LED$_6$				
LED$_7$				
LED$_8$				
LED$_9$				

如果发光二极管都不亮，则检查LM3914电源是否正常；如果最后面的几个红色发光二极管始终不亮，则调节电位器RP。

3）酒精液体校准。按照传感器的使用要求，先通电将传感器预热，使用调配好50%的酒精溶液作为散发源，把传感器靠近酒精溶液，调节电位器RP，使系统的灵敏度与校正用的酒精浓度测试仪尽可能接近。

（6）常见故障及排除方法

1）接触酒精后电路不工作，主要原因可能是集成驱动芯片LM3914装反或者气体传感器MQ—3接错。

2）接触酒精后，点亮的发光二极管个数随距离的变化不明显，主要原因是电路不够灵敏，应适当调节电位器。

知识拓展

1. 传感器的基本知识

（1）传感器的定义

传感器是指能感受规定的被测量并按照一定规律将其转换成可用输出信号的器件或装置。目前，传感器转换后的信号大多为电信号。因而从狭义上讲，传感器是把外界输入的非电信号转换成电信号的装置。

（2）传感器的组成

传感器一般由敏感元器件、转换元器件和测量转换电路构成。信号的传递如下所示：被测量（非电量）→敏感元器件（非电量）→转换元器件（电信号）→测量转换电路（电量）→输出量。

被测量：就是人们要测量的热、力、压力、温度、流量、位置、位移等。

敏感元件：它是直接感受被测量，并输出与被测量成确定关系的某一物理量的元件。

转换元件：敏感元件的输出就是它的输入，它把输入转换成电路参量。

测量转换电路：电路参数接入转换电路，便可转换成电量输出，包括电桥、放大、振荡器等。

输出量：包括电压、电流、频率、脉冲等，控制执行机构。

在完成非电量到电量的变换过程中，并非所有的非电量参数都能一次直接变换为电量，往往是先变换成一种易于变换成电量的非电量（如位移、应变等），然后，再通过适当的方法变换成电量，所以，把能够完成预变换的器件称为敏感元件。在传感器中，建立在力学结构分析上的各种类型的弹性元件（如梁、板等）称为敏感元件，统称为弹性敏感元件。而转换元件是能将感觉到的被测非电量参数转换为电量的器件，如应变计、压电晶体、热电偶等。转换元件是传感器的核心部分，是利用各种物理、化学、生物效应等原理制成的。新的物理、化学、生物效应的发现，常被用到新型传感器上，使其品种与功能日益增多，应用领域更加广阔。

（3）传感器的分类

传感器的种类繁多，分类方法也各有不同，常见的分类方法如下。

1）根据输入物理量，也就是被测量来分，有位移传感器、压力传感器、速度传感器、温度传感器及气体传感器等。

2）根据工作原理来分，有电阻式传感器、电容式传感器、电感式传感器、电动势式传感器等。

3）根据输出信号的性质来分，有模拟式传感器和数字式传感器。

4）根据能量转换原理来分，有有源传感器和无源传感器。

（4）传感器的常见特性参数

1）灵敏度。灵敏度是指传感器在稳定状态下，输出变化量与输入变化量的比值。一般希望灵敏度在整个测量范围内保持稳定。

2）分辨力。分辨力是指传感器能够检测出被测信号的最小变化量。对于模拟式仪表，分辨力即面板刻度盘上的最小分度；对于数字式仪表，若没有其他附加说明，一般认为仪表的最后一位所表示的数值就是它的分辨力。

3）分辨率。将分辨力除以仪表的满量程就是仪表的分辨率。灵敏度越高，分辨力与分辨率越高，但测量范围往往越窄，稳定性也越差。

4）线性度。传感器的输入与输出应为线性关系，这样可以使显示仪表的刻度均匀，在整个测量范围内有相同的灵敏度。

5）迟滞。迟滞是指传感器在正向（输入量增大）和反向（输入量减小）行程期间，输入—输出特性曲线的不一致程度。

6）测量范围与量程。测量范围是指正常工作条件下，传感器测量的总范围，以测量范围的上限值和下限值表示。量程是指测量范围上限值与下限值的代数差。

7）稳定性。稳定性包括时间稳定度和环境影响量。一般以仪表的示值变化量与时间长短之比来表示稳定度。环境影响量仅指由外界环境变化而引起的示值变化量。

8）可靠性。可靠性是反映传感器和检测系统在规定的条件下和时间内，是否耐用的一种综合性的质量指标。

9）电磁兼容性（Electro Magnetic Compatibility，EMC）。电磁兼容性是指电子设备在规定的电磁干扰环境中能正常工作，而且也不干扰其他设备的能力。

2. 气体传感器概述

气体传感器是一种检测特定气体的传感器。在工业、农业、科研、医疗、生活等众多的领域中都需要检测环境中某些气体成分、浓度。如煤矿中瓦斯气体浓度超过一定的极限值时，可能发生爆炸；农业塑料大棚中二氧化碳浓度不足时，农作物将减产；家庭发生煤气泄漏时，会威胁到生命财产的安全。

气体传感器的种类繁多，常用的主要包括半导体气体传感器、接触燃烧式气体传感器和电化学气体传感器等。半导体气体传感器大多是以金属氧化物半导体为基础材料。当被测气体在该半导体表面吸附后，引起其电学特性（例如电导率）发生变化。根据这些电特性的变化就可以获得与被测气体在环境中的存在情况有关的信息（如浓度），从而可以进行检测、监控、报警；还可以通过接口电路与计算机组成自动检测、控制和报警系统。接触燃烧式气体传感器的检测元件一般为铂金属丝（也可以在表面涂铂、钯等金属催化层），使用时对铂丝通以电流，保持300~400℃的高温，此时若与可燃性气体接触，则可燃性气体在金属催化层上燃烧，铂丝的温度会上升，电阻值也上升。通过检测铂丝的电阻值变化的大小，就可以知道可燃性气体的浓度。电化学气体传感器一般利用液体电解质，其输出形式可以是气体直接氧化或还原产生电流，也可以是离子作用于离子电极产生电动势。

一般来说，一种类型的气体传感器只能检测一种或两种特定性质气体，因此，在气体检测系统的设计前应决定选用哪种传感器，需要考虑的因素有应用环境条件、干扰气氛、精度、寿命要求、结构尺寸、费用及可靠性要求等，并对各种因素进行权衡研究。一个优质的气体传感器应具备以下特点：

1）能选择性的检测某种单一气体，而对其他气体不响应或低响应。

2）对被检测气体有较高灵敏度，能有效检测允许范围内的气体浓度。

3）对检测信号响应快，重复性好。

4）长期工作稳定性好。

5）使用寿命长。

6）成本低，使用维护方便。

3. 半导体气体传感器

半导体气体传感器是利用金属氧化物或金属半导体氧化物材料做成的元器件，具有灵敏度高、响应快、稳定性好、使用简单的特点，是应用最普遍、最具实用价值的一类气体传感器。半导体气体传感器在被测气体浓度较低时有较大的电阻变化，而当被测气体浓度较大时，其电阻变化率逐渐趋缓，有较大的非线性。这种特性适用于气体的微量检测、浓度检测或超限报警，还可以通过控制烧结体的化学成分及加热温度，来改变它对不同气体的选择性。下面介绍MQ系列气体传感器和TGS系列气体传感器两类半导体气体传感器的外形结构及其参数特性，供读者在设计时选用。

知识小贴士

半导体指常温下导电性能介于导体与绝缘体之间的材料，按化学成分可分为元素半导体和化合物半导体两大类，其阻值会随外界一定因素（如光照、温度、气体浓度等）的变化而变化。

MQ系列气体传感器如图1-11所示，由塑料底座、电极引线、不锈钢网罩、气体烧结体以及包裹在烧结体中的两组铂丝组成。其内部结构和引脚排列如图1-12所示。

图1-11　MQ系列气体传感器

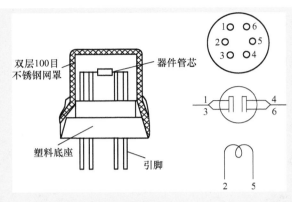

图1-12　MQ系列气体传感器的内部结构和引脚排列

　　MQ系列气体传感器的工作原理十分复杂，涉及材料的微晶结构、化学吸附及化学反应，有不同的解释。简单地说，当半导体的表面在高温下遇到容易失去电子的还原性气体时，气体分子中的电子将向气体传感器的烧结体表面转移，使烧结体中的自由电子浓度增加，电阻率降低，电阻减小。这样就把气体浓度变化转换成电阻值的变化。由此可见，在使用气体传感器时应尽量避免将其置于油雾、灰尘环境中，以免降低检测灵敏度。MQ系列气体传感器有多个不同的型号，具体见表1-6。

表1-6　MQ系列气体传感器的型号及相关参数

产 品 型 号	适 用 对 象	检测范围（ppm①）	使用电压、电流
MQ—2	可燃气体、烟雾	100～10 000	电压：5V±0.2V 电流：≤180mA
MQ—3	乙醇蒸气	10～1000	电压：5V±0.2V 电流：≤180mA
MQ—4	天然气、甲烷	300～10 000	电压：5V±0.2V 电流：≤180mA
MQ—5	液化气、甲烷、煤气	300～5000	电压：5V±0.2V 电流：≤180mA
MQ—6	液化气、异丁烷、丙烷	100～10 000	电压：5V±0.2V 电流：≤180mA
MQ—8	氢气、煤气	50～10 000	电压：5V±0.2V 电流：≤180mA
MQ306A	液化气、甲烷、煤气	300～5000	电压：0.9V±0.1V 电流：≤130mA
MQ214	甲烷	300～5000	电压：6V±0.2V 电流：约20mA
MQ216	液化气、甲烷、煤气	100～10 000	电压：6V±0.2V 电流：约20mA

（续）

产品型号	适用对象	检测范围（ppm①）	使用电压、电流
MQ—7	一氧化碳	10～1000	电压：5V±0.2V
MQ307A	一氧化碳	10～500	电压：0.9V±0.1V
MQ—9	一氧化碳、可燃气体	10～1000一氧化碳 100～10000可燃气体	电压：5V±0.2V
MQ309A	一氧化碳、可燃气体	10～500一氧化碳 300～5000可燃气体	电压：0.9V±0.1V
MQ131	臭氧（O₃）	10～500	电压：5V±0.2V 电流：≤180mA
MQ135	氨气、苯、酒精、烟雾	10～300氨气 10～1000苯 10～600酒精 1%～10%烟雾	电压：5V±0.2V 电流：≤180mA
MQ136	硫化氢	1～100	电压：5V±0.2V 电流：≤180mA
MQ137	氨气	10～300	电压：5V±0.2V 电流：≤180mA

① ppm的含义见下文"知识小贴士"。

TGS系列气体传感器如图1-13所示，是日本FIGARO（费加罗）公司生产的半导体气体传感器。FIGARO是一家专业生产半导体气体传感器的公司，其生产的半导体气体传感器在全球处于领先水平，世界上第一款半导体气体传感器就是该公司在1962年发明的。 FIGARO公司生产的半导体气体传感器具有种类齐全、灵敏度高、质量可靠等优点。目前，广泛应用于家庭燃气报警、工业有毒气体报警、空气质量监控、汽车尾气检测、蔬菜大棚、孵化机械、酒精检测等领域。TGS系列气体传感器具体型号及参数见表1-7。

图1-13　TGS系列气体传感器

表1-7　TGS系列气体传感器型号及相关参数

产品型号	适用对象	检测范围（ppm）	灵敏度（电阻比）
TGS2600—B00	香烟气、氢气、酒精、甲烷、CO	1～30	0.3～0.6
TGS2602—B00	甲苯、乙醇、H_2S、NH_3、H_2等	1～30	0.15～0.5
TGS2100	油烟气、氢气、燃气	1～30	0.2～0.6
TGS2104	汽油机尾气（H_2、CO、HC）	10～1000	0.3～0.6
TGS2201	汽油/柴油机尾气（NO、NO_2）	10～100/0.1～10	0.35/2.5
TGS813	易燃气体（甲、丙、丁烷）	500～10 000	0.60±0.05
TGS816	易燃气体（甲、丙、丁烷）	500～10 000	0.60±0.05
TGS2610—B00	易燃气体（丁烷）<圆形，酒精过滤>	500～10 000	0.53±0.05
TGS2610—J00	易燃气体（丁烷）<方形>	500～10 000	0.53±0.05
TGS2611—B00	天然气（甲烷）<圆形，酒精过滤>	500～10 000	0.60±0.06
TGS2611—C00	天然气（甲烷）<圆形>	500～10 000	0.60±0.06
TGS821	氢气	30～1000	0.6～1.20
TGS2442	一氧化碳	30～1000	0.23～0.49
TGS2620—A00	酒精（金属外壳）	50～5000	0.35±0.1
TGS2620—C00	酒精（不锈钢外壳）	50～5000	0.35±0.1
TGS822	酒精	50～5000	0.40±0.1
TGS825	硫化氢	5～100	0.3～0.6
TGS826	氨气	30～300	0.4～0.70
TGS830	R—113、R—22、R—11、R—12	100～3000	0.30±0.10
TGS831	R—21、R—22	100～3000	0.40±0.15
TGS832	R—134a	100～3000	0.50～0.65

知识小贴士

　　ppm是气体检测浓度单位，指一百万体积的空气中所含某种成分的体积数。我国规定，特别是环保部门，要求气体浓度以质量浓度的单位（如mg/m^3）表示，我国的标准规范也都是采用质量浓度单位（如mg/m^3）表示。ppm与mg/m^3之间的换算式为：$mg/m^3 = (M/22.4) \cdot [273/(273+T)] \cdot (P/101325) \cdot ppm$，其中，$M$为气体分子量，$T$为气体温度，$p$为压力。

4. LED通用电平显示驱动芯片LM3914

　　LM3914是美国NS公司研制的塑封双列直插的18脚LED点条显示驱动集成电路，其外形如图1-14所示，内含输入缓冲器、10级精密电压比较器、1.2V基准电压源及点条显示方式选择电路等，内部电路构成及引脚功能如图1-15所示。芯片的工作电压为3～25V（最高为48V），输出电流在2～30mA范围可调，输出端承压能力为±35V，最大输出限制在30mA之内。10级电压比较器的同相输入端与电阻分压器相连，电阻分压器由10只1kΩ精密电阻串联组成，输出端可以分别直接驱动10只发光二极管（依次为1脚和10～18脚）做条状显示，也可以实现点状显示。比较器的反相输入端并联在一起，通过一个缓冲器接到输入端5脚。输入缓冲器接成跟随器形式，使得显示不是从一个LED立刻跳到另一个LED，而是平缓过度，可消除噪声干扰，改善输入信号快速变化时引起的闪烁现象。同时，由于内部电阻分压器没有与其他电路或公共端相连，而是直接由4、6引脚引出，通常将这种接法称为悬浮式接法，这样电压测量范围可以很宽，使得应用电路的设计更加灵活和方便。

图1-14　LM3914芯片外形

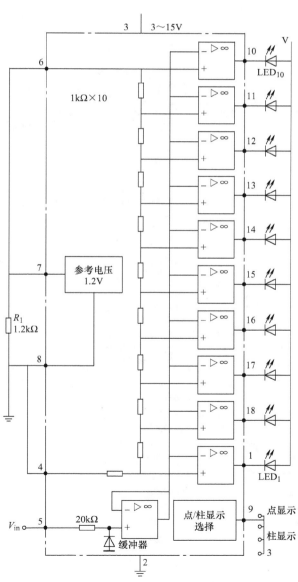

图1-15　LM3914芯片内部电路构成及引脚功能

知识小贴士

常见集成电路的引脚排列如图1-16所示。

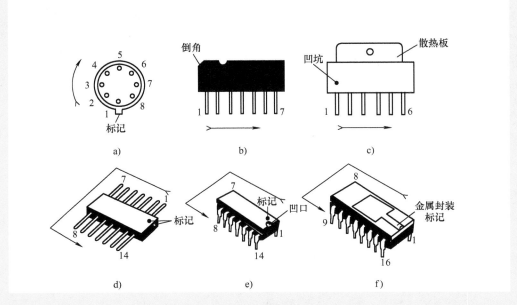

图1-16　常见集成电路的引脚排列

项目评价

调试完成后，按照表1-8进行评价。

表1-8　酒精浓度测试仪项目评价

评价项目	评价内容	评价标准	配　分	得　分
工艺	1. 元器件布局 2. 布线 3. 焊点质量	1. 布局合理 2. 布线工艺良好，横平竖直 3. 焊点光滑整洁	30分	
功能	1. 电源电路 2. 电压直接调试 3. 灵敏度调节	1. 电源正常未损坏元器件 2. 电压接入调试使发光二极管依次点亮 3. 能够测出酒精浓度	60分	
安全素养	1. 安全 2. 6S整理	1. 有无安全问题 2. 制作完成后，有无进行6S整理	10分	
小组成员			总分	

项目测试

1. 选择题

1）如果把计算机看作处理和识别信息的"大脑"，把通信系统看作传递信息的"神经系统"，那么传感器就是"（　　　）器官"。

    A. 消化　　　　　　B. 感觉　　　　　　C. 骨骼　　　　　　D. 呼吸

2）气体传感器MQ—3所使用的敏感材料是（　　　）。

    A. SnO_2　　　　　B. CO　　　　　　C. CH_4　　　　　D. Al_2O_3

3）某温度传感器的测量范围是-70～250℃，则该传感器的量程为（　　　）。

    A. 70℃　　　　　B. 250℃　　　　　C. 180℃　　　　　D. 320℃

4）（　　　）是指传感器能够检测出被测信号的最小变化量。

    A. 灵敏度　　　　　　　　　　B. 分辨率

    C. 分辨力　　　　　　　　　　D. 线性度

5）若检测到酒精蒸气，则MQ—3的输出电压即LM3914的5引脚电位变（　　　）。

    A. 大　　　　　　　　　　　　B. 小

    C. 不变　　　　　　　　　　　D. 不一定

2. 填空题

1）传感器一般由_____元件、_____元件和_____电路3部分组成。

2）根据输入物理量，传感器可分为_____传感器_____传感器、_____传感器、_____传感器及_____传感器等。

3）将分辨力除以仪表的_____就是仪表的分辨率。

4）灵敏度越高，分辨力与分辨率越_____，但测量范围往往越_____，稳定性也越_____。

5）分装好的气体传感器MQ—3有_____只引脚，其中_____引脚用于信号输出，_____引脚用于提供加热电流。

3. 简答题

1）传感器的常见特性参数有哪些？

2）传感器的常见分类方法有哪几种？

3）气体传感器必须使用加热电源的原因是什么？

4. 思考题

1）酒精浓度测试仪电路中的电位器RP的作用是什么？若改变其阻值则对电路有什么影响？

2）如果需要将酒精浓度更加直观地显示出来，至少需要增加哪些核心元件？

项目小结

    传感器是一种以测量为目的，以一定的精确度将被测的非电信号转换为与之有确定对应关系，便于处理和应用的电信号的测量装置。通常由敏感元件、转换元件和测量转换电路构成。

传感器的主要技术参数有灵敏度、线性度、迟滞、稳定性、分辨力及电磁兼容性等。电阻式传感器的基本工作原理是将被测的非电量转换成电阻值的变化量，再经过转换电路编程电量输出。气体电阻传感器可以把某种气体的成分、浓度等参数转换成电阻变化量，再经过测量转换电路转换成电流、电压信号。MQ系列气体传感器应用较广泛，主要用于可燃性气体和可燃性液体蒸气的检测、检漏。

  本项目是本书的第一个项目，在设计时就力求简单，在根据任务要求实施整个项目的过程中，除了学习以半导体气体传感器为例的电阻式传感器的应用外，还应了解项目式学习的整个流程包括：项目分析、信息收集、确定方案、项目实施、项目评价、项目小结6个主要的环节。

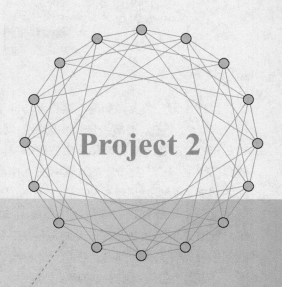

Project 2

项目2

制作金属探测器

项目目标

1）了解常用电涡流式传感器的型号及特点。

2）能够根据任务要求进行金属探测器的设计。

3）能够按照方案用电涡流式传感器进行金属探测器的制作和调试。

4）能够对项目实施进行评价。

项目描述

　　世界上第一台金属探测器诞生于1960年，工业时代最初的金属探测器主要应用于工矿业，是检查矿物纯度、提高工作效率的得力助手。在考古界，曾有盗墓者的"武器"之称，直到1983年，理查德·福克斯和后来的道格拉斯·斯科特通过对小巨角战场的分析证明，通过系统的金属探测调查，几十年的辛苦考古工作可以在很短时间内就完成。随着社会的发展、犯罪案件的增加，金属探测器被引入一个新的应用领域——安全检查。9·11事件以后，反恐成为国际社会一个重要议题。爆炸案、恐怖活动的猖獗使恐怖分子成了各国安全部门打击的重点对象。此时，国际社会对"安全防范"的认知也被提升到一个新的高度。9·11事件影响各行各业都加强保安工作的部署，正是受此影响，金属探测器的应用领域也成功的渗透到其他行业。图2-1所示为金属探测器的应用及外观。

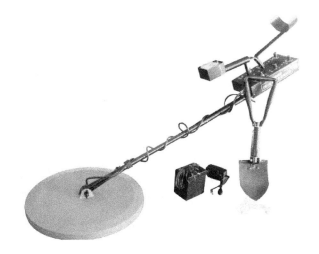

图2-1　金属探测器的应用及外观

项目分析

　　金属探测器按其功能和应用领域的不同可分为以下几种：通道式金属探测器（简称安检门）、手持式金属探测器、便携式金属探测器、台式金属探测器、工业用金属探测器和水下金属探测器。手持式金属探测器携带方便，既可以独立使用，又可以和安检门结合利用，应用领域较广。本项目以手持式金属探测器为分析重点。手持式金属探测器主要由探头和控制装置两部分构成，探头部分用来检测金属部件，控制装置将探头检测到的信号进行对比区别，通过电路显示出来。

　　要完成上述任务，需要进行如下工作：

　　1）根据任务分析设计整体制作方案。

　　2）根据被测物选择合适的电涡流式传感器。

　　3）根据传感器信号设计高频振荡器、振荡检测器、音频振荡器和功率放大器的电路。

4）根据信号转换电路的输出信号设计报警电路。

5）根据设计要求进行手持式金属探测器电路的制作。

6）进行调试与评估。

1. 整体方案设计

根据本项目的任务要求，采用电涡流式传感器的原理。通过电涡流效应，对靠近金属导体附近的电感线圈施加一个高频（200kHz）电压信号，激励电流将产生高频磁场，被测导体置于该交变磁场范围之内，就产生了与交变磁场相交链的电涡流。电涡流也将产生一个与原磁场方向相反的新的交变磁场。两个磁场相互作用将使通电线圈的等效阻抗发生变化，从而检测出金属。其系统框图如图2-2所示。

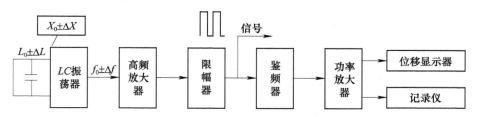

图2-2　金属探测器系统框图

2. 电路设计及工作原理分析

图2-3所示为金属探测器原理图，电路由高频振荡器、振荡检测器、音频振荡器和功率放大器组成。

（1）高频振荡器

由晶体管VT_1和高频变压器T等组成的电路，是一种变压器反馈型LC振荡器。T的一次绕组L_1和电容器C_1组成LC并联振荡回路，其振荡频率约为200kHz，由L_1的电感量和C_1的电容量决定。稳压式的偏置电路能够大大增强VT_1高频振荡器的稳定性。为了进一步提高金属探测器的可靠性和灵敏度，高频振荡器通过稳压电路供电。振荡管VT_1发射极与地之间接有两个串联的电位器，具有发射极电流负反馈作用，其电阻值越大，负反馈作用越强，VT_1的放大能力也就越低，甚至于使电路停振。

（2）振荡检测器

振荡检测器由晶体管开关电路和滤波电路组成。开关电路由晶体管VT_2、二极管VD等组成，滤波电路由滤波电阻器R_3，滤波电容器C_2、C_3和C_4组成。当高频振荡器正常工作时，在电阻R_4上得到低电平信号，停振时，为高电平，由此完成了对振荡器工作状态的检测。

（3）音频振荡器

音频振荡器采用互补型多谐振荡器，由晶体管VT_3、VT_4，电阻器R_5、R_7、R_8和电容器C_6组成。互补型多谐振荡器采用两只不同类型的晶体管，其中VT_3为NPN型晶体管，VT_4为PNP型晶体管，连接成互补的、能够强化正反馈的电路。

（4）功率放大器

功率放大器由晶体管VT_5、扬声器BL等组成。从多谐振荡器输出的正脉冲音频信号经限流电阻器R_9输入到晶体管VT_5的基极，使其导通，在BL产生瞬时较强的电流，驱动扬声器发声。

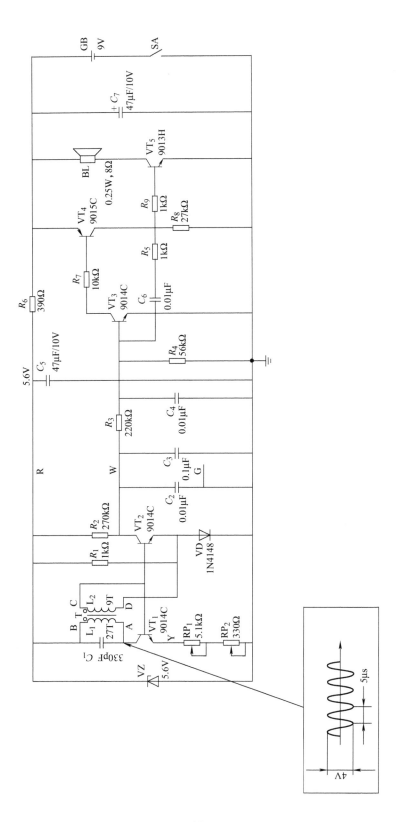

图2-3　金属探测器原理图

项目实施

1. 准备工具与元器件

（1）工具清单

电烙铁1把、焊锡丝1卷、稳压电源1台、数显表1台、频率计1台、示波器1台、数字万用表1只、示波器1台、常用旋具1套、导线若干。

（2）元器件清单

元器件清单见表2-1。

表2-1　金属探测器元器件清单

序　号	元器件名称	代　号	规　格	数　量
1	电源	GB	9V	1台
2	高频变压器	T	频率要求200kHz	1台
3	电容	C_1	330pF	1个
4	电容	C_2	0.01μF	1个
5	电容	C_3	0.1μF	1个
6	电容	C_4、C_6	0.01μF	2个
7	电解电容	C_5、C_7	47μF/10V	2个
8	电阻	R_1	1kΩ	1个
9	电阻	R_2	270kΩ	1个
10	电阻	R_3	220kΩ	1个
11	电阻	R_4	56kΩ	1个
12	电阻	R_5	1kΩ	1个
13	电阻	R_6	390Ω	1个
14	电阻	R_7	10kΩ	1个
15	电阻	R_8	27kΩ	1个
16	电阻	R_9	1kΩ	1个
17	稳压二极管	VZ	稳压二极管5.6V	1个
18	二极管	VD	1N4148	1个
19	NPN型晶体管	VT_1、VT_2、VT_3	9014C	3个

（续）

序　号	元器件名称	代　号	规　格	数　量
20	PNP型晶体管	VT$_4$	9015C	1个
21	NPN型晶体管	VT$_5$	9013H	1个
22	电涡流式传感器	CZ	CZF1—1000	1个
23	扬声器	BL	0.25W 8Ω	1个
24	开关	SA	轻触开关TS—1109	1个
25	万能焊接板			1块

2. 安装与调试

（1）核心元器件选用

电涡流式传感器是本项目的核心元器件，其外形如图2-4所示。本项目选用高频反射电涡流式传感器。

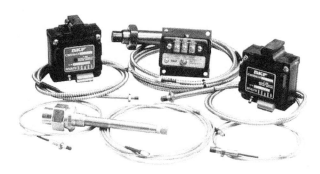

图2-4　常见电涡流式传感器

工作原理如图2-5所示。磁导率为μ、厚度为h、温度为T的金属附近，当线圈中通入交变电流i_1时，线圈的周围产生交变磁场H_1，若将金属导体置于此磁场范围内，则金属导体中将产生感应电流i_2，这种电流在金属导体中是闭合的，呈旋涡状，称电涡流或涡流。电涡流也会产生交变磁场H_2，其方向与激励磁场H_1方向相反，由于磁场H_2的反作用使导电线圈的有效阻抗发生变化，这种现象称为电涡流效应。

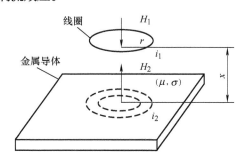

图2-5　高频反射电涡流式传感器的工作原理

由物理学原理可知，线圈的阻抗发生的变化不仅与电涡流效应有关，而且与静磁学效应有关，即与金属导体的电阻率ρ、磁导率μ、励磁频率f以及传感器与被测导体间的距离x有关，可用如下函数关系表示

$$Z=F(r, m, x, f)$$

由此可见，当传感器与被测导体间的距离x发生变化时，通过测量电路，可将Z的变化转换为电压U的变化，这样就达到了把位移（或振幅）转换为电量的目的。

输出电压U与位移x间的关系曲线如图2-6所示，在中间一般呈线性关系，其范围为平面线圈外径的1/3～1/5（线性误差为3%～4%）。传感器的灵敏度与线圈的形状和大小有关，线圈的形式最好是尽可能窄而扁平，当线圈的直径增大时，线性范围也相应增大，但灵敏度相应地降低。

高频反射电涡流式传感器的结构很简单，主要是一个安装在框架上的线圈，线圈可以绕成一个扁平圆形，粘贴在框架上，也可以在框架上开一个槽，导线绕制在槽内而形成一个线圈，线圈的导线一般采用高强度漆包铜线，如要求高一些，则可用银或银合金线；在较高温度的条件下，需用高温漆包线。

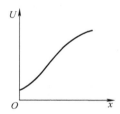

图2-6　输出电压U与位移x间的关系曲线

CZF1系列传感器的性能指标见表2-2。

表2-2　CZF1系列传感器性能指标

产品型号	线性范围 /μm	线圈外径 /mm	分辨率 /μm	线性误差 （%）	使用温度范围 /℃
CZF1—1000	1000	$\varphi7$	1	<3	15～80
CZF1—3000	3000	$\varphi15$	3	<3	−15～80
CZF1—5000	5000	$\varphi28$	5	<3	−15～80

（2）辅助元器件的选用——高频变压器

高频变压器是工作频率超过中频（10kHz）的电源变压器，主要用于高频开关电源中作高频开关电源变压器，也有用于高频逆变电源和高频逆变焊机中作高频逆变电源变压器的。按工作频率高低，可分为几个档次：10～50kHz、50～100kHz、100～500kHz、500kHz～1MHz、1MHz以上。本项目选用200kHz的高频变压器，其外形如图2-7所示。

图2-7　高频变压器外形

1）高频变压器的分类。

按防潮方式分类：开放式变压器、灌封式变压器、密封式变压器。

按冷却方式分类：干式（自冷）变压器、油浸（自冷）变压器、氟化物（蒸发冷却）变压器。

按用途分类：电源变压器、调压变压器、音频变压器、中频变压器、高频变压器、脉冲变压器。

按电源相数分类：单相变压器、三相变压器、多相变压器。

按铁心或线圈结构分类：心式变压器、壳式变压器、环形变压器、金属箔变压器。

2）电源变压器的特性参数。

①额定功率。在规定的频率和电压下，变压器能长期工作，而不超过规定温升的输出功率。

②工作频率。变压器铁心损耗与频率关系很大，故应根据使用频率来设计和使用，这种频率称工作频率。

③电压比。指变压器一次电压和二次电压的比值，有空载电压比和负载电压比的区别。

④空载电流。变压器二次侧开路时，一次侧仍有一定的电流，这部分电流称为空载电流。

⑤额定电压。指在变压器的线圈上所允许施加的电压，工作时不得大于规定值。

⑥效率。指二次功率P_2与一次功率P_1比值的百分比。通常变压器的额定功率越大，效率就越高。

⑦空载损耗。指变压器二次侧开路时，在一次侧测得功率损耗。主要损耗是铁心损耗，其次是空载电流在一次绕组铜阻上产生的损耗（铜损），这部分损耗很小。

⑧绝缘电阻。表示变压器各线圈之间、各线圈与铁心之间的绝缘性能。绝缘电阻的高低与所使用的绝缘材料的性能、温度高低和潮湿程度有关。

高频变压器在开关电源处发挥了非常重要的作用，关系到电力的安全，比较常见的有EE、EI、EF、EFD、PQ、RM、ETD、EER等型号。一般情况下，人们习惯用型号和规格一起来命名，虽然高频变压器只是个小零件，但它的分类很多，型号规格各不相同，所以在选购前有必要了解它的世界，才能正确找到合适高频变压器。

（3）元器件检测

根据元器件清单，进行元器件清点和分类，完成表2-3。

表2-3 元器件检测

序 号	元器件名称	代 号	检 测 结 果
1	电源	GB	
2	高频变压器	T	
3	电容	C_1	
4	电容	C_2	
5	电容	C_3	
6	电容	C_4、C_6	
7	电解电容	C_5、C_7	
8	电阻	R_1	
9	电阻	R_2	
10	电阻	R_3	
11	电阻	R_4	
12	电阻	R_5	
13	电阻	R_6	
14	电阻	R_7	
15	电阻	R_8	
16	电阻	R_9	
17	稳压二极管	VZ	
18	二极管	VD	
19	NPN型晶体管	VT_1、VT_2、VT_3	
20	PNP型晶体管	VT_4	
21	NPN型晶体管	VT_5	
22	电涡流式传感器	CZ	
23	扬声器	BL	
24	开关	SA	

项目1

项目2

项目3

项目4

项目5

知识小贴士

晶体管管脚极性判断及NPN、PNP型区分方法：

（1）通用识别方法

判定基极。用万用表电阻档×100k或×1k测量晶体管3个电极中每两个极之间的正、反向电阻值。当用第一根表笔接某一电极，而第二根表笔先后接触另外两个电极均测得低阻值时，则第一根表笔所接的那个电极即为基极（b）。这时，要注意万用表表笔的极性，如果红表笔接的是基极（b），黑表笔分别接在其他两极时，测得的阻值都较小，则可判定被测晶体管为PNP型；如果黑表笔接的是基极（b），红表笔分别接触其他两极时，测得的阻值较小，则被测晶体管为NPN型，如9013、9014、9018。

判定晶体管集电极（c）和发射极（e）（以PNP型晶体管为例）。将万用表置于电阻档×100k或×1k档，红表笔接基极（b），用黑表笔分别接触另外两个管脚时，所测得的两个电阻值会是一个大一些，一个小一些。在阻值小的一次测量中，黑表笔所接管脚为集电极；在阻值较大的一次测量中，黑表笔所接管脚为发射极。

（2）一般性常识

9014、9015、8050、s9014、s9013、s9015、s9012、s9018系列的小功率晶体管，把显示文字平面朝自己，从左向右依次为发射极（e）、基极（b）、集电极（c）；对于中小功率塑料晶体管按图2-8所示，使其平面朝向自己，三个管脚朝下放置，则从左到右依次为发射极（e）、基极（b）、集电极（c）。

图2-8　塑料晶体管

1—发射极　2—基极　3—集电极

（4）元器件成形加工

安装前对各元器件引脚进行成形处理，为保证引脚成形的质量和一致性，应使用专用工具和成形模具，按照工艺要求对元器件进行引脚成形。再将元器件引脚准备焊接处进行刮削去污，去氧化层，再在各引脚准备焊接处上锡。

（5）金属探测器的安装

按照电路原理图（见图2-3），正确安装电路。元器件安装工艺见表2-4。

表2-4 元器件安装工艺

序 号	元器件名称	代 号	安装工艺要求
1	传感器	CZ	垂直安装，注意分清引脚排列顺序
2	变压器	T	垂直安装，注意分清引脚排列顺序
3	电阻	$R_1 \sim R_9$	水平贴板卧式安装，色环朝向一致
4	二极管	VZ、VD	水平安装，注意分清稳压管管脚顺序
5	晶体管	VT_1、VT_5	垂直安装，注意各极方向
6	开关	SA	垂直贴板安装
7	扬声器	BL	从板上引出导线连接

（6）金属探测器的调试

步骤一：调试仪器的准备。

需准备直流稳压电源、数字式万用表或指针式万用表等。

步骤二：通电前检查。

1）检测有极性电容引脚是否装反。

2）检查稳压二极管极性是否装反。

3）检查晶体管管脚是否装错。

4）检查电涡流式传感器引脚连接是否正确。

5）检查电路连线是否正确，各焊点是否焊牢，元器件是否相互碰触。

6）用数字万用表通断档测量电源正负接入点之间电阻，应为高阻状态。如有短路现象，应立即排查。

步骤三：通电调试。

调试：将金属物品接近电感L_1（即探测器的探头），线圈中产生的电磁场将在金属物品中感应出涡流，这个能量损失来源于振荡电路本身，相当于电路中增加了损耗电阻。如果金属物品与电感L_1较近，电路中的损耗加大，电感值降低，使本来就处于振荡临界状态的振荡器停止工作，扬声器发出声音。

1）测量静态电压。使用稳压电源给电路接通5V电源，用数字万用表测量图2-6中A点对地电压、各发光二极管和晶体管$VT_1 \sim VT_5$各引脚的静态电压值，记录在表2-5中，并分析元器件当前工作状态。

表2-5 测量静态电压

测 量 点	U_B	U_C	U_E	工 作 状 态
VT_1				
VT_2				
VT_3				
VT_4				
VT_5				
二极管	电压测量			
VZ				

2）动态电压调试。使用稳压电源，一路给电路接通9V电源，将金属探测器与金属物体逐渐接近直到探测器扬声器，并将数据记录在表2-6中，与表2-5数据对比。

表2-6　测量动态电压

测 量 点	U_B	U_C	U_E	工 作 状 态
VT$_1$				
VT$_2$				
VT$_3$				
VT$_4$				
VT$_5$				
二极管	电压测量			
VZ				

知识拓展

电涡流式传感器能静态和动态地、高线性度、高分辨力地测量被测金属导体距探头表面的距离。它是一种非接触的线性化计量工具。电涡流式传感器能准确测量被测体（必须是金属导体）与探头端面之间静态和动态的相对位移变化。

电涡流式传感器在金属体中产生的涡流，其渗透深度与传感器线圈的励磁电流的频率有关。要形成涡流必须具备下列2个条件：

1）存在交变磁场。

2）导电体处于交变磁场中。

涡流的大小与金属导体的电阻率、磁导率、厚度以及线圈与金属体的距离、线圈的励磁电流角频率等参数有关，固定其中若干参数，就能按涡流大小测量出另外一些参数，从而做成移位、振幅等传感器。根据电涡流在导体的贯穿情况，通常把电涡流式传感器按激励频率的高低分为高频透射式和低频透射式两大类。除了本项目之前介绍的型号外，还有2个常用系列，以下内容将详细介绍。

1. HZ891系列电涡流式传感器（见图2-9）

图2-9　HZ891系列电涡流式传感器

项目2
制作金属探测器

项目1

项目2

项目3

项目4

项目5

HZ891系列电涡流式传感器型号如下：

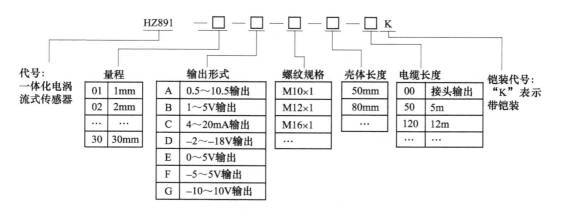

2. JX20系列电涡流式传感器（见图2-10）

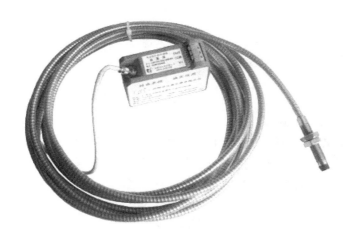

图2-10　JX20系列电涡流式传感器

JX20系列电涡流式传感器由前置器、探头、延伸电缆、连接头组成，各项性能指标相当或接近美国本特利（BN）仪器公司3300系列产品水平，可直接替换BN公司3300、7200系列产品。

3. 高频反射电涡流式传感器的测量电路

（1）电桥法电路

电桥法电路原理如图2-11所示，图中A、B为传感器线圈，它们与C_1、C_2和电阻R_1、R_2组成电桥的四个臂。电桥电路的电源由振荡器供给，振荡频率根据电涡流式传感器的需要选择，当传感器线圈的阻抗变化时，电桥失去平衡。电桥的不平衡输出经线性放大和检波，就可以得到与被测量成比例的电压输出。这种方法电路简单，主要用在差动电涡流式传感器中。

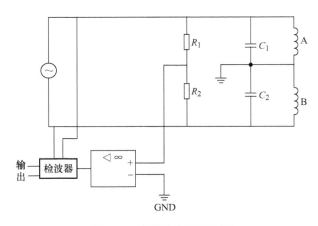

图2-11　电桥法电路原理图

（2）谐振幅值电路

传感器线圈与电容并联组成了LC并联谐振回路，并联谐振回路的谐振频率为

$$f_0 = \frac{1}{2\pi\sqrt{LC}}$$

谐振时回路的等效阻抗最大，为

$$Z_0 = \frac{1}{R'C}$$

式中，R'为回路的等效损耗电阻。

当电感L发生变化时，回路的等效阻抗和谐振频率将随着L的变化而变化，由此可以利用测量回路阻抗的方法间接反映出传感器的被测值，即所谓的调幅法，图2-12所示是调幅法电路原理图。传感器线圈与电容组成LC并联谐振回路，

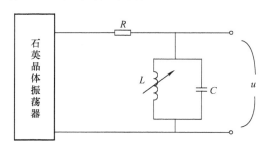

图2-12　谐振幅值电路原理图

由石英振荡器输出的高频信号激励，它的输出电压为

$$u=i_0F（Z）$$

式中，i_0为高频激励电流；Z为LC回路的阻抗。由此可知，Z越大，则输出电压u越大。

当传感器远离被测导体时，调整LC回路，使其谐振频率等于激励振荡器的振荡频率。当传感器接近被测导体时，线圈的等效电感发生变化，致使回路失谐而偏离激励频率，回路的谐振峰将向左右移动，如图2-13所示。若被测导体为非磁性材料，传感器线圈的等效电感减小，回路的谐振频率提高，谐振峰右移，回路呈现的阻抗减小为Z_1'或Z_2'，输出电压就将由u变为u_1'或u_2'。当被测导体为磁性材料时，由于磁路的等效磁导率增大，使传感器线圈的等效电感增大，回路的谐振频率降低，谐振峰左移，阻抗和输出电压分别减小为Z_1或Z_2和u_1或u_2，因此，可以由输出电压的变化来表示传感器与被测导体间距离的变化，如图2-14所示。

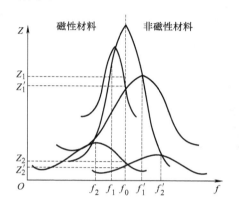

图2-13 调幅线路谐振曲线

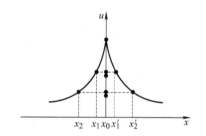

图2-14 调幅线路特性曲线

知识小贴士

HZ891YT系列电涡流式传感器技术指标如下
- 非接触测量，永不磨损。
- 抗干扰能力强，高可靠性，长寿命。
- 工作温度：$-25\sim85$℃，温漂为0.05%/℃。
- 防护等级：IP68。
- 输出形式：三线制电压或电流输出。
- 频响：$0\sim10$kHz

幅频特性：$0\sim1$kHz衰减小于1%，10kHz衰减小于5%；

相频特性：$0\sim1$kHz相位差小于$-10°$，10kHz相位差小于$-100°$

- 电压输出形式传感器供电电源：

① $12\sim30$V供电，输出范围为$0.1\sim10.5$V、$1\sim5$V或$0.5\sim4.5$V，功耗$\leqslant12$mA（不含输出电流）；

②$-24\sim-18$V供电，输出范围为$-2\sim-18$V，功耗$\leqslant12$mA（不含输出电流）；

③$\pm12\sim\pm15$V供电，输出范围为$0\sim5$V、$0\sim10$V、$-5\sim5$V或$-10\sim10$V，功耗$\leqslant\pm12$mA（不含输出电流）；

④$18\sim30$V供电，$4\sim20$mA电流输出，功耗$\leqslant12$mA（不含输出电流）。

- 纹波（测量间隙恒定时最大输出噪声峰峰值）：电压输出形式的传感器输出纹波不大于20mV；电流输出形式的传感器输出纹波不大于30μA。

- 负载能力：电压输出形式的传感器输出阻抗不大于51Ω，最大驱动信号电缆长度为300m；$4\sim20$mA电流输出形式的传感器最大负载电阻不大于750Ω，带最大负载电阻时输出变化为-1%。

项目评价

调试完成后，按照表2-7进行评价。

表2-7　金属探测器项目评价

评价项目	评价内容	评价标准	配　分	得　分
工艺	1. 元器件布局 2. 布线 3. 焊点质量	1. 布局合理 2. 布线工艺良好，横平竖直 3. 焊点光滑整洁	30分	
功能	1. 电源电路 2. 高频振荡器 3. 振荡检测器 4. 音频振荡器 5. 功率放大器	1. 电源正常未损坏元器件 2. 高频振荡器报警位置正确 3. R_4电阻检测低电平信号 4. VT_5基极有输入信号 5. 扬声器有提示音发出	60分	
安全素养	1. 安全 2. 6S整理	1. 有无安全问题 2. 制作完成后，有无进行6S整理	10分	
小组成员			总分	

项目测试

1. 选择题

1）欲测量镀层厚度，电涡流线圈的激励源频率为（　　　）。

　　A．50～100Hz　　　　　　　　B．1～10kHz

　　C．10～50kHz　　　　　　　　D．100kHz～2MHz

2）电涡流接近开关可以利用电涡流原理检测出（　　　）的靠近程度。

　　A．人体　　　　　　　　　　B．水

　　C．黑色金属零件　　　　　　D．塑料零件

3）电涡流探头的外壳用（　　　）制作较为恰当。

　　A．不锈钢　　　B．塑料　　　C．黄铜　　　　D．玻璃

4）当电涡流线圈靠近非磁性导体（铜）板材后，线圈的等效电感L（　　　）。

　　A．不变　　　B．增大　　　C．减小

5）当电涡流线圈靠近非磁性导体铜板材后，调频转换电路的输出频率f（　　　）。

　　A．不变　　　B．增大　　　C．减小

6）欲探测埋藏在地下的金银财宝，应选择直径为（　　　）左右的电涡流探头。

　　A．0.1mm　　　B．5mm　　　C．50mm　　　　D．500mm

2. 填空题

1）根据图2-5，当线圈中通入交变电流i_1时，线圈的周围产生交变磁场H_1，若将金属导体

置于此磁场范围内，则金属导体中将产生感应电流i_2，这种电流在金属导体中是闭合的，呈旋涡状，称_____或_____。

2）电涡流式传感器的测量电路主要有_____式和_____式。电涡流式传感器可用于移位测量、_____、_____和_____。

3．应用题

1）什么是电涡流效应？怎样利用电涡流效应进行金属和位移检测？

2）电涡流的形成范围包括哪些内容？它们的主要特点是什么？

项目小结

电涡流式传感器是基于电涡流效应原理制成的，即利用金属导体中的涡流与激励磁场之间进行能量转换的原理工作。被测对象以某种方式调制磁场，从而改变励磁线圈的电感。因此，电涡流式传感器是一种特别的电感式传感器。本项目利用中高频反射电涡流式传感器设计一个金属探测器，介绍金属探测器的设计和调试工作，了解电涡流式传感器参数含义，会根据不同场合选择不同的传感器。

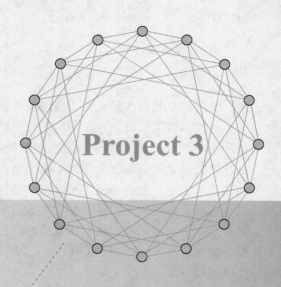

Project 3

项目3

制作电容式差压变送器

项目目标

1）了解常用差压变送器的结构以及原理。

2）能够根据任务要求进行电容式差压变送器制作方案的设计。

3）能够按照方案进行电容式差压变送器电子线路的安装和调试。

4）能够对项目实施进行评价。

项目描述

　　变送器是利用敏感元件（传感器）将压力（物理信号）转换为电信号，并直接显示出来的一种高精度仪表。在工业自动化生产中，变送器在压力、压差、流量、液位的测量中得到了非常广泛应用，在自动控制系统中发挥重要的作用。随着石化、钢铁、化工、食品、医药等企业自动化水平的不断提高，差压、压力变送器除了用于测量工业生产过程中的差压、压力参数外，还可和多种传感元器件配套，测量流体流量，测量容器中的介质液位、料位、密度以及在监测和控制系统中作为一个环节，参与各种运算。在温州新世纪油库项目中，一名设计者将差压变送器的设计原理应用到实际的应用中并且得到了较好的效果，如图3-1所示。实践证明，变送器不仅安装维护简单方便，读数直观明确，还可避免一些烦琐的换算。

图3-1　差压变送器

　　变送器的种类有压力变送器、差压变送器、电流变送器、温度传感器、液位传感器等。其中，电容式差压变送器是没有杠杆机构的变送器，它采用差动电容作为检测元件，整个变送器无机械传动、调整装置，并且测量部分采用全封闭焊接的固体化结构，因此仪表结构简单，性能稳定、可靠，且具有较高的精度。

　　本项目的任务是掌握电容式差压变送器的原理，并完成电容式差压变送器电子线路的焊接与调试制作。

项目分析

　　电容式差压变送器用于测量液体、气体和蒸汽的液位、密度和压力，然后将其转变成4～20mA直流信号输出。电容式差压变送器是20世纪80年代研制开发的新型差压变送器，它利用单晶硅谐振传感器，采用微电子表面加工技术，除了保证±0.2%的测量精度外，还可抵制静压、温漂对它的影响。由于配备了低噪声调制解调器和开放式通信协议，目前的电容式差压变送器可实现数字无损耗信号传输，外形如图3-2所示。一个典型的电容式差压变送器的主要性能指标如下：

　　1）基本误差有±0.25%，±0.35%，±0.5% 3种。

　　2）输出信号DC 4～20mA（两线制）。

　　3）负载电阻0～600Ω（在DC 24V供电时），0～1650Ω（在DC 45V供电时）。

　　4）电源电压DC 12～45V，一般为DC 24V。

图3-2 电容式差压变送器外形图

要完成上述任务，需要进行如下工作：

1）根据任务分析掌握电容式差压变送器的原理。

2）根据原理分析设计电路方案。

3）根据设计方案完成电容式差压变送器测量电路的焊接调试。

4）根据设计方案完成电容式差压变送器信号转换电路的焊接调试。

5）根据设计要求进行电容式差压变送器的安装制作。

6）进行调试与评估。

1. 整体方案设计

电容式差压变送器包括测量部分和转换放大电路两部分。输入差压Δp_i作用于测量部分的感压膜片，使其产生位移，从而使感压膜片（即可动电极）与两固定电极所组成的差动电容器之间的电容量发生变化。此电容变化量由电容-电流转换电路转换成电流信号，电流信号与调零信号的代数和同反馈信号进行比较，其差值送入放大和输出限制电路，得到整机的输出电流I_o，其系统框图如图3-3所示。

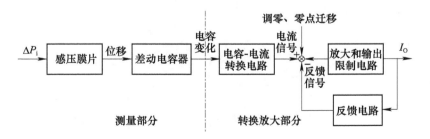

图3-3 电容式差压变送器系统框图

2. 电路设计与工作原理分析

变送器的电子部件安装在一块电路板上，使用专用集成电路和表面封装技术，电路原理如图3-4所示。微处理器完成传感器的线性化、温度补偿、数字通信、自诊断等功能，它输出的数字信号叠加，经过转换放大后输出4～20mA信号。通过数据设定器或任何支持HART通信协议的上位设备可读出此数字信号。

本次电容式差压变送器的电子线路的设计主要包括测量电路和转换放大电路2部分。

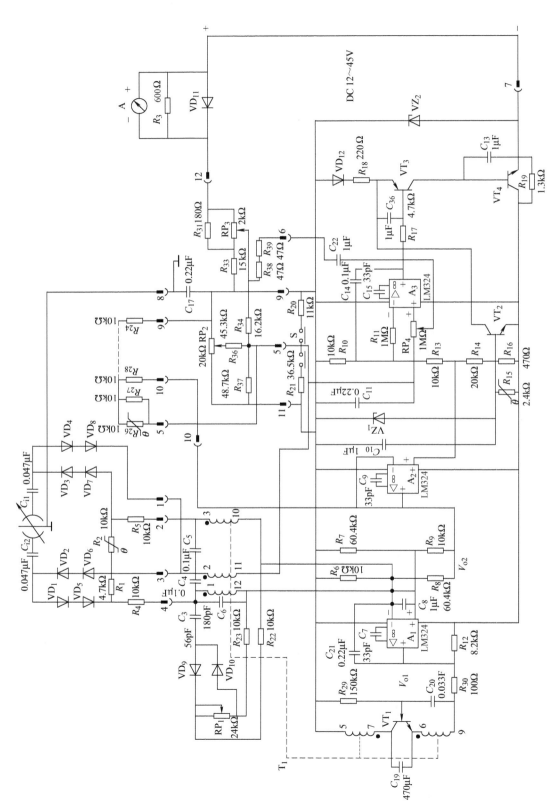

图3-4　电容式差压变送器电路原理图

（1）测量部件

测量部分的作用是把被测差压Δp_i转换成电容量的变化。它由正、负压测量室和差动电容检测元件（膜盒）等部分组成，其结构如图3-5所示。

差动电容检测元件包括中心感压膜片11（即可动电极），正、负压侧弧形电极12、10（即固定电极），电极引线1、2、3，正、负压侧隔离膜片14、8和基座13、9等。在检测元件的空腔内充有硅油，用以传递压力。感压膜片和其两边的正负压侧弧形电极形成电容C_{i1}和C_{i2}。无差压输入时，$C_{i1}=C_{i2}$，其电容量为150～170pF。

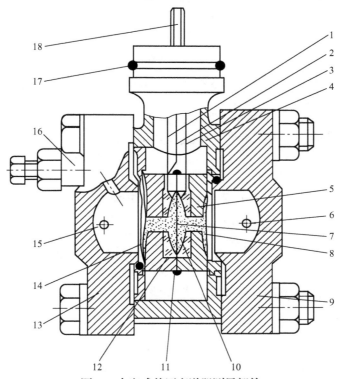

图3-5 电容式差压变送器测量部件

1，2，3—电极引线 4—差动电容膜盒座 5—差动电容膜盒 6—负压侧导压口 7—硅油 8—负压侧隔离膜片
9—负压室基座 10—负压侧弧形电极 11—中心感压膜片 12—正压侧弧形电极 13—正压室基座
14—正压侧隔离膜片 15—正压侧导压口 16—放气排液螺钉 17—O形密封环 18—插头

当被测差压Δp_i通过正、负压侧导压口引入正、负压室，作用于正、负压侧隔离膜片上时，迫使硅油向右移动，将压力传递到中心感压膜片的两侧，使膜片向右产生微小位移ΔS，如图3-6所示。输入差压Δp_i与中心感压膜片位移ΔS的关系可表示为$\Delta S=K_1\Delta p_i$，式中，K_1为由膜片材料特性和结构参数所确定的系数。

设中心感压膜片与两边固定电极之间的距离分别为S_1和S_2。当被测差压$\Delta p_i=0$时，中心感压膜片与两边固定电极之间的距离相等。设其间距为S_0，则$S_1=S_2=S_0$。当被测差压Δp_i不等于0时，中心感压膜片产生位移ΔS。此时有

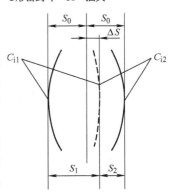

图3-6 差动电容变化示意图

$$S_1=S_0+\Delta S, \quad S_2=S_0-\Delta S$$

若不考虑边缘电场的影响，感压膜片与两边固定电极构成的电容C_{i1}和C_{i2}，可近似地看成是平板电容器。其电容量分别为

$$C_{i1}=\varepsilon A/（S_0+\Delta S）$$

$$C_{i2}=\varepsilon A/（S_0-\Delta S）$$

式中，ε为极板间介质的介电常数；A为固定极板的面积。

经过数学推导得出：（$C_{i2}-C_{i1}$）/（$C_{i2}+C_{i1}$）$=\Delta S/S_0=K_2\Delta S$　　　　　　　　（3-1）

$$K_2=1/S_0$$

式（3-1）表明：

1）差动电容的相对变化量（$C_{i2}-C_{i1}$）/（$C_{i2}+C_{i1}$）与ΔS呈线性关系，因此转换放大部分应将这一相对变化值变换为直流电流信号。

2）（$C_{i2}-C_{i1}$）/（$C_{i2}+C_{i1}$）与介电常数ε无关。这一点非常重要，因为ε是随温度变化的，现ε不出现在式中，无疑可大大减小温度对变送器的影响。

3）（$C_{i2}-C_{i1}$）/（$C_{i2}+C_{i1}$）与S_0有关。S_0越小，差动电容的相对变化量越大，即灵敏度越高，（$C_{i2}-C_{i1}$）/（$C_{i2}+C_{i1}$）$=K_1K_2\Delta p_i$。

应当指出，在上述的讨论中，并没有考虑到分布电容的影响。事实上，由于分布的电容C_0的存在，差动电容的相对变化量变为

$$\frac{(C_{i2}+C_0)-(C_{i1}+C_0)}{(C_{i2}+C_0)+(C_{i1}+C_0)}=\frac{C_{i2}-C_{i1}}{C_{i2}+C_{i1}+2C_0}$$

分布电容的存在将会给变送器带来非线性误差，为了保证仪表的精度，应在转换电路中加以克服。

（2）转换和放大电路

转换和放大电路的作用是将上述差动电容的相对变化转换成标准的电流输出信号。此外，还要实现零点调整、正负迁移、量程调整、阻尼调整等功能。其原理框图如图3-7所示。

该电路包括电容—电流转换电路及放大电路两部分。它们分别由振荡器、解调器、振荡控制放大器以及前置放大器、调零与零点迁移电路、量程调整电路（负反馈电路）、功放与输出限制电路等组成。

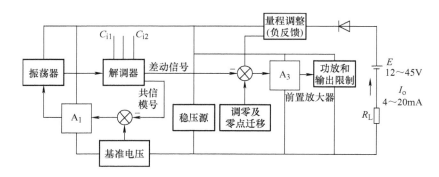

图3-7　转换放大电路原理框图

差动电容器C_{i1}、C_{i2}由振荡器供电，经解调（即相敏整流）后，输出两组电流信号：一组为差动信号，另一组为共模信号。差动信号随输入差压Δp_i而变化，此信号与调零及调量程信号（即反馈信号）叠加后送入运算放大器A_3再经功率放大和输出限制得到4～20mA的输出电流。共模信号与基准电压进行比较，其差值经A_1放大后，去作为振荡器的供电，从而使共模信号保持不变。下面的分析将证实，当共模信号为常数时，能保证差动信号与输入差压之间成单一的比例关系。

1）电容-电流转换电路。电容-电流转换电路的功能是将差动电容的相对变化值成比例地转换为差动电流信号（即电流变化值）。

① 振荡。振荡器用来向差动电容C_{i1}、C_{i2}提供高频电流，它由晶体管VT_1、变压器T_1及一些电阻、电容组成。振荡器电路如图3-8所示。在电路设计时，只要适当选择电路元器件的参数，便可满足振荡条件。振荡器由运算放大器A_1的输出电压V_{o1}供电，从而使A_1能控制振荡器的输出幅度。

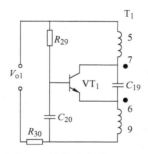

图3-8　振荡器电路原理图

② 解调和振荡控制电路。包括解调器和振荡控制放大器，前者主要由二极管VD_1～VD_8构成，后者即为集成运算放大器A_1，电路原理如图3-9所示。

图中R_i为并在电容C_{11}两端的等效电阻。V_R是运算放大器A_2的输出电压。由图3-4可知，此电压是稳定不变的，它作为A_1输入端的基准电压源。A_1的输出电压V_{o1}作为振荡器的电源电压。振荡器T_1的三个绕组（L_{1-12}、L_{2-11}、L_{3-10}）分别与一些二极管和差动电容串接在电路中。由于差动电容器的容量很小，其值远远小于C_{11}和C_{17}，因此在振荡器输出幅度恒定的情况下，通过C_{i1}和C_{i2}的电流的大小，主要取决于这两个电容的容量。

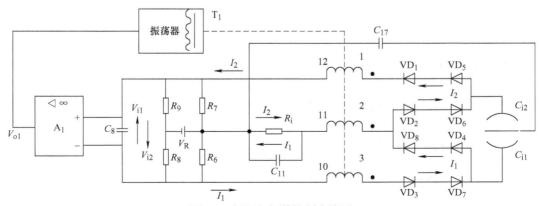

图3-9　解调和振荡控制电路图

a）解调器。解调器用于对差动电容C_{i1}和C_{i2}的高频电流进行半波整流，过程如图3-10所示。当振荡器输出为正半周，即同名端为正时，VD_2、VD_6和VD_3、VD_7导通，而VD_1、VD_5和VD_4、VD_8截止，线圈L_{2-11}产生的电压经如下路径形成电流i_2：

$$L_{2-11} \rightarrow VD_2 、 VD_6 \rightarrow C_{i2} \rightarrow C_{17} \rightarrow R_i 、 C_{11} \rightarrow L_{2-11}$$

同时线圈L_{3-10}产生的电压经如下路径形成电流i_1：

$$L_{3-10} \rightarrow VD_3 、 VD_7 \rightarrow C_{i1} \rightarrow C_{17} \rightarrow R_6 、 R_8 \rightarrow L_{3-10}$$

当振荡器输出为负半周，即同名端为负时，VD_1、VD_5和VD_4、VD_8导通，而VD_2、VD_6和VD_3、VD_7截止，线圈L_{1-12}产生的电压经如下路径形成电流i'_2：

$$L_{1-12} \rightarrow R_7 、 R_9 \rightarrow C_{17} \rightarrow C_{i2} \rightarrow VD_1 、 VD_5 \rightarrow L_{1-12}$$

同时线圈L_{2-11}产生的电压经如下路径形成电流i'_1：

$$L_{2-11} \rightarrow R_i 、 C_{11} \rightarrow C_{17} \rightarrow C_{i1} \rightarrow VD_4 、 VD_8 \rightarrow L_{2-11}$$

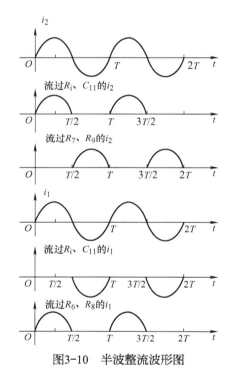

图3-10 半波整流波形图

根据电路条件，差动电容的电容量很小，即它们的阻抗较大，其它电阻和电容的阻抗相对来说可忽略不计。设线圈L_{2-11}、L_{3-10}、L_{1-12}电压的峰值为U_m，通过C_{i1}和C_{i2}的电流的峰值分别为I_{Ci2}、I_{Ci1}，则$I_{Ci2}=\omega C_{i2}U_m$，$I_{Ci1}=\omega C_{i1}U_m$，其中，ω为振荡角频率。

半波整流的平均电流公式为$I=KI_m=I_m/\pi$，这样半波整流电流分别为

$$I_2=\omega C_{i2}U_m/\pi \qquad\qquad I_1=\omega C_{i1}U_m/\pi$$

$$I'_2=\omega C_{i2}U_m/\pi \qquad\qquad I'_1=\omega C_{i1}U_m/\pi（波形对称的情况下）$$

$$I_2=I'_2 \qquad\qquad I_1=I'_1$$

$$(I_2 - I_1) / (I_2 + I_1) = (C_{i2} - C_{i1}) / (C_{i2} + C_{i1})$$

流过R_i、C_{11}的电流为

$$I_i = I_2 - I_1 = (I_2 + I_1) (C_{i2} - C_{i1}) / (C_{i2} + C_{i1})$$

只要保持$I_2 + I_1$为定值，差动电容的相对变化量就正比于I_i。那么如何保持$I_2 + I_1$为定值呢？这就是振荡控制放大器的作用。

b）振荡控制放大器。A_1的作用就是使流过VD_3、VD_7和VD_1、VD_5的电流之和$I_1 + I_2$等于常数。由前图可知，A_1的输入端接受两个电压信号：一个是基准电压U_R在R_9和R_8上的压降；另一个是$I_1 + I_2$在$R_6 // R_8$和$R_7 // R_9$上的压降。这两个电压信号之差送入A_1，经放大得到V_{o1}，去控制振荡器。当IC_1为理想运算放大器时，由A_1、振荡器及解调器一部分电路所构成的深度负反馈电路，使放大器输入端的两个电压信号近似相等，即$V_{i1} = V_{i2}$，据此可求得$I_1 + I_2$的数值。从电路分析可知，这两个电压信号的关系式分为

$$V_{i1} = \frac{V_R}{R_6 + R_8} R_8 - \frac{V_R}{R_7 + R_9} R_9$$

$$V_{i2} = \frac{I_1 R_6 R_8}{R_6 + R_8} + \frac{I_2 R_7 R_9}{R_7 + R_9}$$

因$R_6 = R_9$，$R_7 = R_8$，故上两式可分别简化为

$$V_{i1} = \frac{R_8 - R_9}{R_6 + R_8} V_R$$

$$V_{i2} = \frac{R_6 R_8}{R_6 + R_8} (I_1 + I_2)$$

由于$V_{i1} = V_{i2}$，可求得

$$I_1 + I_2 = \frac{R_8 - R_9}{R_6 R_8} V_R$$

因为R_6、R_R、R_9和V_R均恒定不变，故$I_1 + I_2$为一常数。令

$$K_3 = \frac{R_8 - R_9}{R_6 R_8} U_R$$

故

$$I_i = I_2 - I_1 = K_3 \frac{C_{i2} - C_{i1}}{C_{i2} + C_{i1}}$$

c）线性调整电路。由于差动电容检测元件中分布电容的存在，将造成非线性误差。由前可知，分布电容将使差动电容的相对变化值减小，从而使I_i偏小。为克服这一误差，在电路中设计了线性调整电路。该电路通过提高振荡器输出电压幅度以增大解调器输出电流的方法，来补偿分布电容所产生的非线性。调整电路由VD_9、VD_{10}、C_3、R_{22}、R_{23}、RP_1等元器件组成。现将这一电路画成如图3-11所示的原理简图，进行分析。

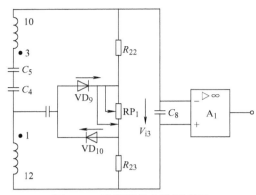

图3-11　线性调整电路原理图

绕组3-10和绕组1-12输出的高频电压经VD_9、VD_{10}整流，在R_{22}、RP_1、R_{23}上形成直流压降（即调整电压）。因$R_{22}=R_{23}$，故当$RP_1=0$时，绕组3-10和绕组1-12回路在振荡器正、负半周内所呈现的电阻相等，所以$V_{i3}=0$，无补偿作用。当$RP_1\neq0$时，两绕组回路在振荡器正、负半周内所呈现的电阻不相等，所以$V_{i3}\neq0$，V_{i3}的方向如图3-11所示。

该调整电压作用于IC_1，使IC_1的输出电位降低，振荡器的供电电压增加，从而使振荡器的振荡幅度增大，提高了I_i，这样就补偿了分布电容所造成的误差。补偿电压大小取决于RP_1的阻值，RP_1大，则补偿作用强。

2）放大及输出限制电路。这部分电路的功能是将电流信号I_i放大，并输出4～20mA的直流电流。此外，还要实现零点调整、正负迁移、量程调整、阻尼调整等功能。其电路原理如图3-12所示。

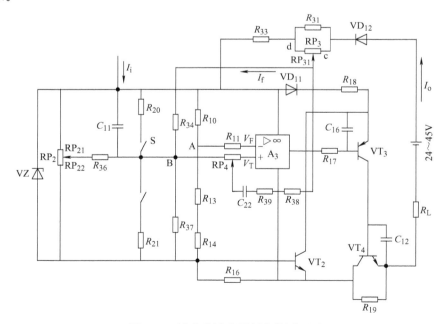

图3-12　放大及输出限制电路原理图

① 放大电路。放大电路主要由集成运算放大器A_3和晶体管VT_3、VT_4等组成。A_3起前置放大作用，VT_3和VT_4组成复合管，将A_3的输出电压转换为变送器的输出电流。电阻R_{31}、R_{33}、R_{34}

和电位器RP₃组成反馈电阻网络，输出电流I_o经这一网络分流，得到反馈电流I_f，它送至放大器的输入端，构成深度负反馈，从而保证了I_o与I_i之间的线性关系。

电路中，RP₂为调零电位器，用以调整输出零位。S为正、负迁移调整开关，开关拨至相应位置，可实现变送器的正向或负向迁移。RP₃为调量程电位器，用以调整变送器的量程。

现对放大器的输入-输出关系做进一步的分析。由图可知，A₃反相输入端的电压（即A点的电压），是由VZ₁的稳定电压通过R_{10}和R_{13}、R_{14}分压所得。该电压使A₃输入端的电位在共模输入电压范围内，以保证运算放大器能正常工作。A₃同相输入端的电压V_T（即B点的电压V_B）是由三个电压信号叠加而成的：第一个是解调器的输出电流I_i在B点产生的电压V_i；第二个是调零电路在B点产生的调零电压V_0'；第三个是调量程电路（即负反馈电路）的反馈电流I_f在B点产生的电压V_f。

设R_i为并在电容C_{11}两端的等效电阻（见图3-12），则$V_i=-R_iI_i$。V_i为负值，是由于C_{11}上的压降为上正下负（见图3-11），即B点的电位随I_i的增加而降低。

调零电路如图3-13所示。设R_0'为计算V_0'时在B点处的等效电阻。可由图求得调零电压V_0'为

$$V_0' = \frac{V_{VZ1}}{RP_{21} + RP_{22} /\!/ (R_{36}+ R_0')} \cdot \frac{R_{RP22}R_0'}{R_{RP22} + R_{36} + R_0'} = \alpha V_{VZ1}$$

$$\alpha = \frac{R_{W22}R_0'}{[R_{W21} + R_{W22} /\!/ (R_{36}+R_0')](R_{W22} + R_{36} +R_0')}$$

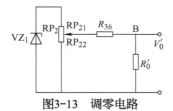

图3-13　调零电路

调量程电路如图3-14所示。设R_f为计算V_f时I_f流经B点处的等效负载电阻，R_{cd}为电位器滑触点c和d之间的等效电阻，按△-Y变换方法可得

$$R_{cd} = \frac{RP_{31}R_{31}}{RP_3 + R_{31}}$$

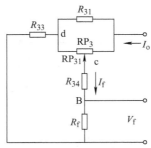

图3-14　调量程电路

② 输出限制电路。该电路由晶体管VT$_2$、电阻R_{18}等组成。其作用是防止输出电流过大，损坏元器件。当输出电流超过允许值时，R_{18}上压降变大，使VT$_2$的集电极电位降低，从而使该管处于饱和状态，因此流过VT$_2$，也即流过VT$_4$的电流受到限制。输出限制电路可保证在变送器过载时，输出电流I_o不大于30mA。

放大电路中其他元器件的作用如下：R_{38}、R_{39}、C_{22}和RP$_4$等构成阻尼电路，用于抑制变送器的输出因被测差压变化所引起的波动。RP$_4$为阻尼时间常数调整电位器，调节RP$_4$可改变动态反馈量，也即调整了变送器的阻尼程度。R_1、R_4、R_5和热敏电阻R_2用于量程温度补偿；R_{27}、R_{28}和热敏电阻R_{26}用于零点温度补偿。VZ$_2$除起稳压作用外，当电源反接时，它还提供反向通路，以防止器件损坏。VD$_{12}$用于在指示仪表未接通时，为输出电流I_o提供通路，同时起反向保护作用。

项目实施

1. 准备工具与元器件

（1）工具清单

电烙铁1把、焊锡丝1卷、稳压电源1台、数字万用表1只、示波器1台、常用旋具1套、导线若干。

（2）元器件清单

元器件清单见表3-1。

表3-1　电容式差压变送器元器件清单

序　号	元器件名称	代　号	规　格	数　量
1	普通电阻器	R_4、R_5、R_6、R_9、R_{10}、R_{13}、R_{22}、R_{23}、R_{24}、R_{26}、R_{27}、R_{28}	10kΩ	12个
		R_1、R_{17}	4.7kΩ	2个
		R_{30}	100Ω	1个
		R_{11}	1MΩ	1个
		R_{14}	20kΩ	1个
		R_{16}	470Ω	1个
		R_{20}	11kΩ	1个
		R_{21}	36.5kΩ	1个
		R_{29}	150kΩ	1个
		R_{31}	180Ω	1个
		R_{33}	15kΩ	1个
		R_{34}	16.2kΩ	1个
		R_{36}	45.3kΩ	1个

（续）

序　号	元器件名称	代　号	规　格	数　量
1	普通电阻器	R_{37}	48.7kΩ	1个
		R_{38}、R_{39}	47Ω	2个
		R_3	600Ω	1个
		R_7、R_8	60.4kΩ	2个
		R_{18}	220Ω	1个
		R_{19}	1.3kΩ	1个
		R_{12}	8.2kΩ	1个
	电位器	RP$_1$	24kΩ	1个
		RP$_2$	20kΩ	1个
		RP$_3$	2kΩ	1个
		RP$_4$	1MΩ	1个
	热敏电阻	R_2、R_{26}	10kΩ	2个
		R_{15}	2.4kΩ	1个
2	电容器	C_{i1}、C_{i2}	0.047μF	2个
		C_3	56pF	1个
		C_4、C_5、C_{14}	0.1μF	3个
		C_6	180μF	1个
		C_7、C_9、C_{15}	33pF	3个
		C_8、C_{10}、C_{13}、C_{22}、C_{36}	1μF	5个
		C_{11}、C_{17}、C_{21}	0.22μF	3个
		C_{19}	470μF	1个
		C_{20}	0.033F	1个
3	晶体管	VT$_1$、VT$_2$、VT$_4$	9013	3个
		VT$_3$	9012	1个
4	二极管	VD$_1$～VD$_{12}$	IN4007	12个
5	稳压二极管	VZ$_1$、VZ$_2$	1N4728	2个
6	运算放大器	A$_1$～A$_3$	LM324	3个
7	振荡变压器	T$_1$	TDK0143	1个
8	万能焊接板			1块

2. 差压变送器选型依据

差压变送器的选用主要依据如下：以被测介质的性质指标为准，以节约资金、便于安装和维护为参考。如果被测介质为高黏度、易结晶、强腐蚀的，必须选用隔离型变送器。

在选型时要考虑到被测介质的温度，如果温度高，达到200～400℃，要选用高温型，否则硅油会产生汽化膨胀，使测量不准确。

在选型时要考虑设备的工作压力等级，变送器的压力等级必须与应用场合相符合。从经济角度上讲，外膜盒及插入部分材质比较重要，要选合适，但连接法兰可以降低材质要求，如选用碳钢、镀铬等，这样会节约很多资金。

隔离型压力变送器最好选用螺纹连接形式，这样既节约资金，安装也方便。对于普通型压力和差压变送器选型，也要考虑到被测介质的腐蚀性问题，但使用的介质温度可以不予考虑，因为普通型是引压到表内，长期工作时温度是常温，但普通型使用的维护量要比隔离型大。首先是保温问题，气温零下时导压管会结冰，变送器无法工作甚至损坏，这就要增加伴热和保温箱等装置。

从经济角度上来讲，选用变送器时，只要不是易结晶介质都可以采用普通型变送器，而且对于低压易结晶介质，也可以加吹扫介质来间接测量（只要工艺允许用吹扫液或气），应用普通型变送器就是要求维护人员多进行定时检查，包括各种导压管是否泄漏、吹扫介质是否正常、保温是否良好等，只要维护好，大量使用普通型变送器一次性投资会节约很多。维护时要注意硬件维护和软维护相结合。

从选用变送器测量范围上来说，一般变送器都具有一定的量程可调范围，最好将使用的量程范围设定在它量程的1/4～3/4段，这样精度会有所保证，对于微差压变送器来说更是重要。实践中有些应用场合（液位测量）需要对变送器的测量范围迁移，根据现场安装位置计算出测量范围和迁移量进行迁移，迁移有正迁移和负迁移之分。

目前，智能变送器已相当普及，它的特点是精度高、可调范围大，而且调整非常方便、稳定性好，选型时应多考虑。

3. 安装与调试

（1）解调和振荡控制电路的安装调试

按照图3-8、图3-9完成解调和振荡控制电路的焊接与调试。在选取元器件时，注意选择合适的参数，满足振荡的条件，使振荡器由运算放大器A_1的输出电压V_{o1}供电，从而使A_1能控制振荡器的输出幅度。同时，在振荡器输出幅度恒定的情况下，通过C_{i1}和C_{i2}的电流的大小，主要取决于这两个电容的容量。

（2）放大及输出限制电路的安装调试

按照图3-12完成放大及输出限制电路的焊接与调试。这部分电路功能是将电流信号I_1放大，并输出4～20mA的直流电流。

（3）电路的整合与完善

按照图3-4完成电容式差压变送器的焊接与调试。

知识拓展

变送器故障检测与调试方法

变送器在测量过程中常常会出现一些故障，故障的及时判定、分析和处理，对正在进行的生产来说至关重要。在检测差压变送器故障时，我们应该了解差压变送器的工作原理，这样才能更方便、快捷地找出原因。差压变送器的工作原理如下：来自双侧导压管的差压直接作用于变送器传感器双侧隔离膜片上，通过膜片内的密封液传导至测量元件上，测量元件将测得的差压信号转换为与之对应的电信号传递给转换器，经过放大等处理变为标准电信号输出。所以，检查差压变送器的故障与调试可按照以下步骤进行：

（1）调查法

回顾故障发生前的打火、冒烟、异味、供电变化、雷击、潮湿、误操作、误维修。

（2）直观法

观察回路的外部损伤、导压管的泄漏、回路的过热、供电开关状态等。

（3）检测法

1）断路检测：将怀疑有故障的部分与其他部分分开来，查看故障是否消失，如果消失，则确定故障所在，否则可逐步查找，如：智能差压变送器不能正常HART远程通信，可将电源从表体上断开，用现场另加电源的方法为变送器通电进行通信，以查看是否电缆是否叠加约2kHz的电磁信号而干扰通信。

2）短路检测：在保证安全的情况下，将相关部分回路直接短接，如差压变送器输出值偏小，可将导压管断开，从一次取压阀外直接将差压信号直接引到差压变送器双侧，观察变送器输出，以判断导压管路的堵、漏的连通性。

3）替换检测：将怀疑有故障的部分更换，判断故障部位，如怀疑变送器电路板发生故障，可临时更换一块，以确定原因。

4）分部检测：将测量回路分割成几个部分，如供电电源、信号输出、信号变送、信号检测，按分部分检查，由简至繁、由表及里，缩小范围，找出故障位置。

项目评价

调试完成后，按照表3-2进行评价。

表3-2　电容式差压变送器项目评价

评价项目	评价内容	评价标准	配　分	得　分
工艺	1. 元器件布局 2. 布线 3. 焊点质量	1. 布局合理 2. 布线工艺良好，横平竖直 3. 焊点光滑整洁	30分	
功能	1. 测量电路焊接 2. 放大和转换电路的焊接 3. 变送器的装配	1. 电路正常未损坏元器件 2. 检测放大信号的输出值 3. 能正确安装变送器	60分	
安全素养	1. 安全 2. 6S整理	1. 有无安全问题 2. 制作完成后，有无进行6S整理	10分	
小组成员			总分	

项目测试

1. 选择题

1）变间隙式电容传感器的非线性误差与极板间的初始距离d_0之间是（　　　）。

　　A．正比关系　　　B．反比关系　　　C．无关系

2）下列不属于电容式传感器测量电路的是（　　　）。

　　A．调频测量电路　　　　　　　B．运算放大器电路

C．脉冲宽度调制电路　　　　　　　　D．相敏检波电路

3）（本题为多选题）引起电容式传感器本身固有误差的原因有（　　　）。

　　A．温度对结构尺寸的影响　　　　　B．电容电场边缘效应的影响

　　C．分布电容的影响　　　　　　　　D．后继电路放大倍数的影响

4）如将变面积型电容式传感器接成差动形式，则其灵敏度将（　　　）。

　　A．保持不变　　　　　　　　　　　B．增大为原来的两倍

　　C．减小一半　　　　　　　　　　　D．增大为原来的三倍

5）当变间隙式电容传感器两极板间的初始距离d增加时，将引起（　　　）。

　　A．灵敏度增加　　　　　　　　　　B．灵敏度减小

　　C．非线性误差增加　　　　　　　　D．非线性误差不变

6）用电容式传感器测量固体或液体物位时，应该选用（　　　）。

　　A．变间隙式　　　B．变面积式　　　C．变介电常数式　　　D．空气介质变间隙式

7）（本题为多选题）电容式传感器中输入量与输出量的关系为线性的有（　　　）。

　　A．变面积型电容传感器　　　　　　B．变介质型电容传感器

　　C．变电荷型电容传感器　　　　　　D．变极距型电容传感器

2．填空题

1）电容量的计算公式为＿＿＿＿＿＿＿，所以根据影响电容式传感器电容变化的参数，电容式传感器可分为＿＿＿＿＿＿、＿＿＿＿＿＿和＿＿＿＿＿＿3种。

2）电容式差压变送器包括＿＿＿＿＿＿和＿＿＿＿＿＿两部分。

3）某些电介质当沿一定方向对其施力而变形时内部产生极化现象，同时在它的表面产生符号相反的电荷，当外力去掉后又恢复不带电的状态，这种现象称为＿＿＿＿＿＿效应；在介质极化方向施加电场时电介质会产生形变，这种效应又称＿＿＿＿＿＿效应。

4）变极距型电容式传感器单位输入位移所引起的灵敏度与两极板初始间距成＿＿＿＿＿＿关系。

5）移动电容式传感器动极板，导致两极板有效覆盖面积A发生变化的同时，将导致电容量变化，传感器电容改变量ΔC与动极板水平位移成＿＿＿＿＿＿关系。

6）变极距型电容式传感器做成差动结构后，灵敏度提高原来的＿＿＿＿＿＿倍。

7）电容式传感器的主要优点有＿＿＿＿＿＿、灵敏度高、动态响应时间短、机械损失小、结构简单，适应性强。

8）电容式传感器的主要缺点有＿＿＿＿＿＿、当电容式传感器用于变间隙原理进行测量时具有非线性输出特性。

3．简答题

1）试分析圆筒型电容式传感器测量液面高度的基本原理。

2）根据电容式传感器工作原理，可将其分为几种类型？每种类型各有什么特点？各适用于什么场合？

3）试说明什么电容有电场的边缘效应？如何消除？

4．思考题

1）为什么具有均匀壁厚的圆形弹簧管不能作为测压元件？

2）试推导出单管弹簧管压力表输入输出静态特性关系式，并说明各物理量的含义。

3）说明单管弹簧管压力表量程调整的具体方法和理由。

4）本项目所学的电容式差压变送器包括测量部分和转换放大部分，简述测量部分和转换放大部分的作用。

一般的差压变送器所用传感器的种类有很多，几十年来技术更新出很多种。电容的差压模盒是所用最多的技术，典型的就是罗斯蒙特的差压变送器，它所用的技术就是电容技术，这种技术是比较古老的技术，但是可以说这个技术是目前最经久不衰的技术。其他世界知名品牌的差压传感器出现了硅谐振等新式技术，例如日本EJA等。在性能方面，无论是电容式还是其他的都有各自的优缺点，在性能方面是不相上下的。在差压传感器中充硅油或者惰性气体，常规上是电容式传感器的"专利"，当然其他技术的传感器也是要填充惰性液或者惰性气体的，它所起到的作用是把压力均匀地作用在感压膜片上。电容式差压变送器完全由密封测量元件组成，可消除机械传动所造成的瞬时冲击和机械振动。另外，高、低压测量室按防爆要求整体铸造而成，大大抑制了外应力、转矩以及静压对测量准确度的影响。

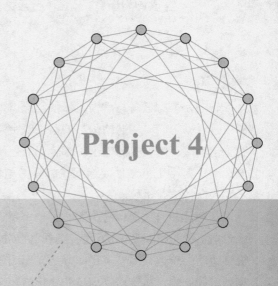

Project 4

项目4

制作转速测量仪

项目目标

1）了解常用霍尔式传感器的型号及特点。

2）能够根据任务要求进行转速测量仪制作方案的
设计。

3）能够按照方案进行转速测量仪的制作与调试。

4）能够对项目实施进行评价。

项目描述

转速是能源设备与动力机械性能测试中的一个重要的特性参量，因为动力机械的许多特性参数是根据它们与转速的函数关系来确定的，例如，压缩机的排气量、轴功率、内燃机的输出功率等，而且动力机械的振动、管道气流脉动、各种工作零件的磨损状态等都与转速密切相关。图4-1所示为一台转速测量仪。

转速测量方法可以分为两类：一类是直接法，即直接观测机械或者电机的机械运动，测量特定时间内机械旋转的圈数，从而测出机械运动的转速；另一类是间接法，即测量由于机械转动导致其他物理量的变化，从这些物理量的变化与转速的关系来得到转速。同时从测速仪是否与转轴接触又可分为接触式和非接触式。目前国内

图4-1　转速测量仪

外常用的测速方法有光电码盘测速法、霍尔元件测速法、离心式转速表测速法、测速发电机测速法、漏磁测速法、闪光测速法和振动测速法。

本项目要求设计一款简单实用的转速测量仪，能够对电机（或其他机械设备）的转速进行测量，并用数码管进行转速的实时显示，可运用于测速要求不高的场合，如图4-2所示。

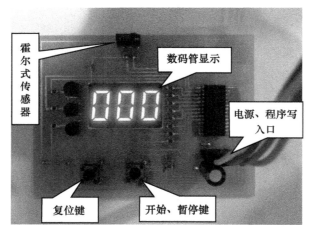

图4-2　简易转速测量仪

项目分析

要检测电机（或其他机械设备）的转速，首先应将转速这一非电量参数，通过霍尔式传感器及其外围器件组成的测速电路转换成脉冲信号送至单片机。然后，经单片机处理计算后，将得到的转速值传送到显示接口电路中，用数码管显示数值。

要完成上述任务分析，需要进行如下工作：

1）转速信号拾取，根据测速范围选择合适的霍尔式传感器。

2）传感器输出信号处理，根据测速要求转换成单片机要求的输入信号。

3）根据电路控制功能完成测速电路的硬件设计。

4）根据测速要求完成测速电路的软件编程。

5）根据设计要求进行转速检测仪的制作。

6）进行调试与评估。

1. 整体方案设计

本测量系统主要由两部分组成：一部分是转速信号的采集，另一部分则是对采集信号的处理以及把结果送到数码管进行显示。转速测量系统的结构框图如图4-3所示。

利用霍尔式传感器OH137把转速信息转换为脉冲信号，送入STC15F2K60S2单片机进行数据处理并用3位七段LED显示器显示测量结果。

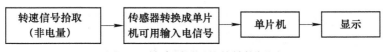

图4-3　转速测量系统的结构框图

2. 电路设计与工作原理分析

（1）电源电路

采用5V供电，参考电路如图4-4所示。该电路为5V线性稳压电源电路，通过变压器降压、桥式整流、电容滤波、三端集成稳压器LM7805稳压，最终得到稳定的5V直流电压输出。

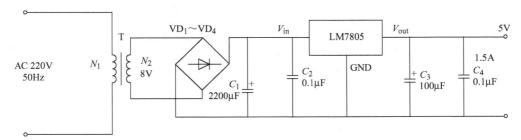

图4-4　5V线性稳压电源电路

此项目在制作时，可直接采用USB接口供电。为了方便在线调试单片机的程序，电路套件中配有专门的下载器STC Auto Programer USB—TTL，下载器外形如图4-5所示。STC烧写程序时，只需4个引脚：5V接VCC、TXD接P3.0、RXD接P3.1、GND接GND。

图4-5　下载器外形图

（2）转速信号拾取电路

转速信号拾取是整个测量系统最前端的部分，目的是将非电量信号通过一定的方式转换成电信号，这一环节可以通过敏感元件、传感器或测量仪表等来实现。此处选用OH137霍尔式传感器，硬件连接示意图如图4-6所示。电机转盘的机械结构做得较为简单，在电机的转轴上安装一个固定的非磁性圆盘，然后再在圆盘的圆周上均匀地安放4个小磁钢，随着圆盘每转动一周，产生4个脉冲，那么，随着电机不停地转动，霍尔式传感器的输出端（3脚）就会获得连续的脉冲信号输出，成为转速计数器的计数脉冲。

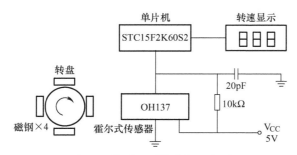

图4-6　传感器硬件连接示意图

（3）单片机信号处理及显示电路

单片机信号处理及显示电路如图4-7所示。OH137霍尔式传感器输出的是数字信号，可以直接把脉冲信号送入单片机进行处理。单片机采用STC15F2K60S2，主要是对由传感器采集的转速脉冲信号进行处理、计算等任务，并将计算后得到的转速值用显示器显示。单片机的P1口实现数码管的段选，P2.5～P2.7实现三位数码管的位选（此书中单片机编程不做要求，读者只需学会将已编好的程序下载至单片机中即可。此电路的信号处理计算程序可参看本书附录B）。

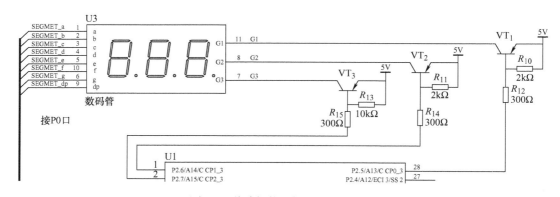

图4-7　单片机信号处理及显示电路

（4）键盘电路

本设计的键盘电路如图4-8所示。电路中利用SB$_1$、SB$_2$两个按键来实现转速测量的启动、暂停以及对转速显示清零功能。为了保证在按键断开时，单片机的I/O口有确定的高电平，SB$_1$、SB$_2$每个按键均采用了上拉电阻。

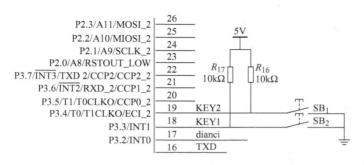

图4-8　键盘电路

（5）设计电路原理图

根据项目要求，选定每部分电路的原理图，设计绘制出完整的电路原理图，整体参考电路见附录A。

（6）设计印制电路板图

根据简易转速测量仪的设计要求及电路原理图印制电路板参考设计方案如图4-9所示。

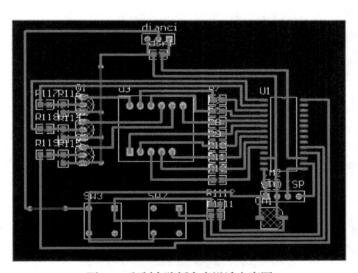

图4-9　印制电路板参考设计方案图

项目实施

1. 准备工具与元器件

（1）工具清单

电烙铁1把、焊锡丝1卷、稳压电源1台、数字万用表1只、示波器1台、常用旋具1套、电机1台、导线若干。

（2）元器件清单

元器件清单见表4-1。

表4-1　简易转速测量仪元器件清单

序　号	元器件名称	代　号	规　格	数　量
1	单片机	U1（程序已写入）	STC15F2K60S2	1块
2	传感器	U2	OH137	1个
3	3位数码管	U3	HS310361K—24	1个
4	下载器插口	U4	4位接线柱	1个
5	贴片电阻	R_1、R_{16}、R_{17}	10kΩ	3个
6	贴片电阻	R_2~R_9、R_{13}~R_{15}	300Ω	11个
7	贴片电阻	R_{10}~R_{12}	2kΩ	3个
8	瓷片电容	C_2	0.1μF	1个
9	电解电容	C_1	10μF/35V	1个
10	晶体管	VT_1、VT_2、VT_3	8550	3个
11	下载器		STC Auto Programmer USB—TTL	1个

2．安装与调试

（1）核心元器件的选用——霍尔式传感器OH137

本项目选用的核心传感元器件是OH137，也称作霍尔单极开关电路，该器件是为了适应客户低成本高性能要求开发生产的系列产品，其应用领域广泛，性能可靠稳定，外形如图4-10所示。

图4-10　OH137外形图

1—Vcc　2—GND　3—V_{OUT}

OH137霍尔单极开关电路内部由反向电压保护器、电压调整器，霍尔电压发生器，差分放大器，施密特触发器和集电极开路输出极组成，能将变化的磁场信号转换成数字电压输出。功能框图如图4-11所示。图4-12为OH137磁电转换特性图。OH137霍尔单极开关电路的特性参数见表4-2。

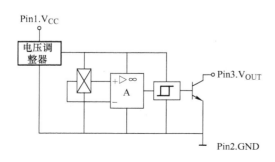

图4-11　OH137功能框图

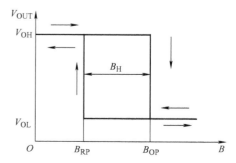

图4-12　OH137磁电转换特性图

表4-2　OH137霍尔单极开关电路的特性参数

参　数	符号	测　试　条　件	量　值			单位
			最小	典型	最大	
电源电压	V_{CC}		4.5	—	24	V
输出低电平电压	V_{OL}	V_{CC}=4.5V，R_L=2kΩ，$B \geqslant B_{OP}$	—	200	400	mV
输出漏电流	I_{OH}	V_{OUT}=$V_{CC\,max}$，$B \leqslant B_{RP}$	—	1.0	10	μV
电源电流	I_{CC}	V_{CC}=$V_{CC\,max}$OC开路	—	3	5	mA
输出上升时间	t_r	V_{CC}=12V，R_L=820Ω，C_L=20pF	—	0.12	1.2	μs
输出下降时间	t_f	V_{CC}=12V，R_L=820Ω，C_L=20pF	—	0.14	1.4	μs

知识小贴士

　　霍尔单极开关电路OH137在安装时要尽量减小施加到电路外壳或引线上的机械应力，焊接温度要低于260℃，时间少于3s，在实际应用中需要在1、3脚之间加一个上拉电阻。

（2）元器件检测

　　为保证电路功能的正常实现，安装前必须要先进行元器件的清点和检测，将检测结果填入表4-3中。

1）根据元器件清单，进行元器件的清点和分类，如图4-13所示。

2）识别3位七段LED显示器HS310361K-24的引脚。

3）识别霍尔式传感器OH137的引脚。

4）注意集成芯片STC15F2K6032的引脚排列。

5）正确识读色环电阻。

6）识别晶体管引脚。

图4-13　元器件图

表4-3　元器件检测

序　号	元器件名称	代　号	检 测 结 果
1	单片机	U1（程序已写入）	
2	传感器	U2	
3	3位数码管	U3	
4	下载器插口	U4	

（续）

序　号	元器件名称	代　号	检测结果
5	贴片电阻	R_1、R_{16}、R_{17}	
6	贴片电阻	$R_2 \sim R_9$、$R_{13} \sim R_{15}$	
7	贴片电阻	$R_{10} \sim R_{12}$	
8	瓷片电容	C_2	
9	电解电容	C_1	
10	晶体管	VT_1、VT_2、VT_3	

知识小贴士

　　1）检测OH137的方法：在OH137传感器的输出端接一台示波器，并使传感器慢慢靠近电机转轴上的非磁性圆盘，观察波形，选择最佳位置获得较好的脉冲信号。

　　2）3位七段LED显示器检测方法：指针式万用表用R×100或R×1k电阻档检测，数字式万用表用二极管档检测，用黑表笔接显示器的一脚，红表笔分别接其余引脚，若均不亮，则对调表笔，直至显示器中有一段点亮，然后根据表笔所接情况来确定显示器的类型为共阴型或共阳型以及各引脚所对应的显示段。

（3）元器件成形加工

安装前对各元器件引脚进行成形处理，为保证引脚成形的质量和一致性，应使用专用工具和成形模具，按照工艺要求对元器件进行引脚成形。再将各元器件引脚准备焊接处进行刮削去污，去氧化层，然后在各引脚准备焊接处上锡。装插元件应遵循先低后高的原则进行，所有元器件的焊接时间，一般控制在2～3s，较大的焊点在3～4s焊完。当一次焊接不完时，要等一段时间元器件冷却后再进行二次焊接，避免由于温度过高造成的元器件损坏。

（4）简易转速测量仪的安装

将经过成形、处理过的元器件按原理图（见附录A）进行焊接安装，安装时各元器件均不能装错，特别要注意有极性的元器件不能装反，如发光二极管和集成电路等。元器件参考布局如图4-14所示。安装工艺要求见表4-4。

图4-14　元器件布局图

表4-4　元器件安装工艺要求

序　号	元器件名称	代　号	安装工艺要求
1	单片机	U1（程序已写入）	垂直安装，注意分清引脚排列顺序
2	传感器	U2	引脚不易过短，分清引脚排列顺序
3	3位数码管	U3	垂直安装，不可靠近发热元件
4	下载器插口	U4	垂直安装，注意分清引脚排列顺序
5	贴片电阻	R_1、R_{16}、R_{17}	紧贴印制电路板，防止虚焊
6	贴片电阻	$R_2 \sim R_9$、$R_{13} \sim R_{15}$	紧贴印制电路板，防止虚焊
7	贴片电阻	$R_{10} \sim R_{12}$	紧贴印制电路板，防止虚焊
8	瓷片电容	C_2	直立安装，不能倾斜
9	电解电容	C_1	垂直安装，注意极性
10	晶体管	VT_1、VT_2、VT_3	垂直安装，注意各脚插装的位置

焊接组装成品如图4-15所示。

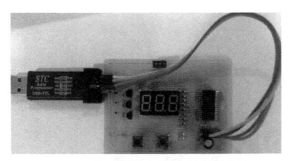

图4-15　简易转速测量仪焊接组装成品

（5）简易转速测量仪的调试

步骤一：调试仪器准备

需准备直流稳压电源、数字万用表、示波器、电动机等。

步骤二：通电前检查

1）检查晶体管引脚是否装错，电解电容正负极性是否装反。

2）检查集成电路引脚连接是否正确。

3）检查霍尔式传感器引脚连接是否正确。

4）检查电路连线是否正确，各焊点是否焊牢，元器件是否相互碰触。

5）用数字万用表通断档测量电源正负接入点之间电阻，应为高阻状态。如有短路现象，则应立即排查。

6）转速探头的安装：在电机的转轴上安装一个固定的非磁性圆盘，并在圆盘的一个圆周上均匀地安放4粒小磁钢，使电机转动，观察非磁性圆盘安装是否牢固。

步骤三：通电调试

将电路的USB接口线接入计算机的USB口，如图4-16所示。这时电路已接入5V电源，并可以下载程序了。

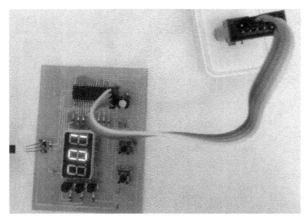

图4-16　电路通电

1）测霍尔单极开关电路OH137输出端波形。将示波器探头的接地端连接在OH137的GND端，检测头接到3脚V_{OUT}上记录波形数据，如图4-17所示。如果未测出正常波形，则分析原因，并记录。

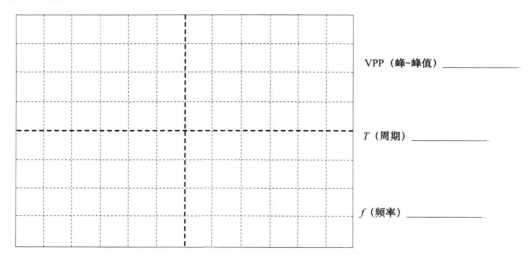

VPP（峰-峰值）_____

T（周期）_____

f（频率）_____

图4-17　记录波形数据

2）单片机调试。双击计算机桌面上如图4-18所示的stc-isp快捷方式。

图4-18　stc-isp快捷方式

启动stc-isp软件后，主界面如图4-19所示。计算机会自动识别单片机的型号和串口号，并输入用户程序运行时的频率值22.1184MHz。

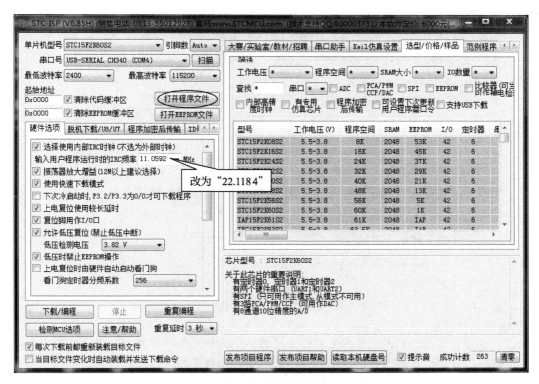

图4-19   stc-isp软件主界面

单击"打开程序文件"，找到已编译完成的转速计算程序*.hex文件，再单击"打开"即可。程序下载成功会出现如图4-20所示的界面。

图4-20   程序下载成功的界面

程序下载成功后，将OH137靠近旋转的电机，数码管显示器即可显示当时的转速。

3）转速精度的校准。本系统在测量转速时存在误差，误差产生的原因有很多，最大误差原因在于单片机处理时采用的脉冲计数方法不同而使精度也不同，同时本系统采用的是在电机的非磁性圆盘上均匀地安放两粒小磁钢将非电信号（转速）转换成电信号输送给单片机。如果要提高精度，则可以增加小磁钢的个数或改变单片机测量频率的方法。

（6）常见故障及排除方法

1）传感器无输出信号，主要原因有：传感器与旋转物体间距离过大；转盘上所安装的小磁钢磁性不够。

2）LED显示器出现乱码，主要原因有：LED显示器引脚识别有误。

3）LED显示器无显示，主要原因有：电路电源未接；单片机不工作；单片机与显示电路之间连接有误；晶体管接错或损坏。

知识拓展

1. 霍尔式传感器概述

早期霍尔元器件的材料是InSb（锑化铟）。为增强对磁场的敏感度，在材料方面半导体ⅢⅤ元素族都有所应用。近年来，除InSb之外，有硅衬底的，也有砷化镓的。

霍尔元器件是一种基于霍尔效应的磁传感器，已发展成一个品种多样的磁传感器产品族，并已得到广泛应用。霍尔元器件是一种磁传感器，利用它们可以检测磁场及其变化，可以应用于各种与磁场有关的场合中。

> **知识小贴士**
>
> 　　霍尔效应指通电的载体在受到垂直于载体平面的外磁场作用时，载流子受到洛伦兹力的作用，并有向两边聚集的倾向，由于自由电子的聚集（一边多，一边必然少）从而形成电势差。在经过特殊工艺制备的半导体材料中，这种效应更为显著，从而形成了霍尔器件。

霍尔式传感器以霍尔效应为工作基础，由霍尔器件和它的附属电路组成的集成传感器。它具有许多优点：结构牢固、体积小、质量轻、寿命长、安装方便、功耗小、频率高（可达1MHz）、耐震动、不怕灰尘、水汽及烟雾等污染或腐蚀。霍尔器件由于其工作机理的原因都制成全桥路器件，其内阻在150～500Ω，霍尔器件的响应速度大约在1μs量级，对线性传感器工作电流在2～10mA左右，一般采用恒流供电法。InSb与硅衬底霍尔器件的典型工作电流为10mA，而砷化镓的典型工作电流为2mA。作为低弱磁场测量，传感器自身所需的工作电流越低越好（因为电源周围即有磁场，就会引进不同程度的误差）。另外，目前的传感器对温度很敏感，流通的电流大了，就存在自身加热问题。温升会造成传感器的零漂。这些方面除外附补偿电路外，在材料方面也在不断进行改进。霍尔式传感器主要有两大类，一类为开关型器件，一类为线性霍尔器件，从结构形式（品种）及用量、产量来说，前者大于后者。前者输出数字量，后者输出模拟量。

线性霍尔集成电路是将霍尔器件和恒流源、线性差动放大器等做在一个芯片上，输出电压为伏级，比直接使用霍尔器件方便得多。较典型的线性霍尔器件如UGN3501系列，如图4-21所示。线性霍尔器件的特性参数见表4-5。

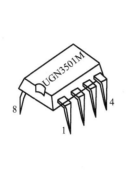

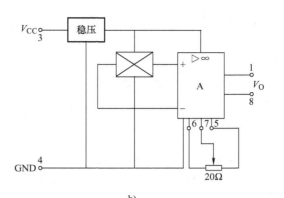

a)　　　　　　　　　　　　b)

图4-21　线性霍尔器件

a）外形　b）内部电路框图

表4-5　线性霍尔器件的特性参数

型号	V_{CC}/V	线性范围/mT	工作温度/℃	灵敏度S/（mV/mT）			静态输出电压/U_o/V			I_{OUT}/mA	R_o/kΩ	I_{CC}/mA		输出形式
				最小	典型	最大	最小	典型	最大			典型	最大	
UGN3501	8～12	±100	−20～85	3.5	7	—	2.5	3.6	5	4	0.1	10	20	射极输出
UGN3503	4.5～6	±90	−20～85	7.5	13.5	30	2.25	2.5	2.75	—	0.05	9	14	射极输出

开关型霍尔集成电路是将霍尔器件、稳压电路、放大器、施密特触发器、OC门（集电极开路输出门）等电路做在同一个芯片上。当外加磁场强度超过规定的工作点时，OC门由高阻态变为导通状态，输出变为低电平；当外加磁场强度低于释放点时，OC门重新变为高阻态，输出高电平。这类器件中较典型的有UGN3020、UGN3022等，如图4-22所示。

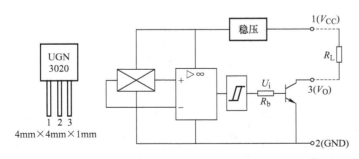

图4-22　开关型霍尔器件

2．霍尔式传感器的应用举例

霍尔式传感器在工业生产、交通运输和日常生活中有着非常广泛的应用。

（1）测量磁场

利用经过校准的UGN3503型霍尔线性器件来检测磁感应强度的简便方法。测量时，把霍尔式传感器放在待测磁场中，通以控制电流，用万用表测其输出电压，然后根据厂家提供的每块电路的校准曲线查得相应的磁感应强度值。使用前，将器件通电1min，使之达到稳定。

（2）无触点开关

键盘是电子计算机系统中的一个重要的外部设备。采用无触点开关，每个键上都有两小块永久磁铁，键按下后，磁铁的磁场加在键下方的开关型集成霍尔式传感器上，完成开关动作。

3．单片机 STC 15F2K60S2

本设计采用STC 15F2K60S2系列单片机，此系列单片机是STC生产的单时钟、单机器周期的单片机，是高速、高可靠、低功耗、超强抗干扰的新一代8051单片机，芯片采用28脚双列直插式封装，26个输入/输出（I/O）端口，芯片工作电压为4.5～5.5V，无需外接晶体振荡电路和外部复位，无需编程器/仿真器，可在线编程，方便用户调试。芯片的外形和引脚如图4-23所示。

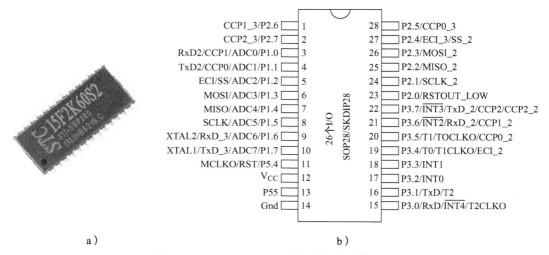

图4-23　STC 15F2K60S2的外形和引脚排列图
a）外形　b）引脚排列

4．LED数码管

LED数码管也称半导体数码管，它是将若干发光二极管按一定图形排列并封装在一起的最常用的数码显示器件之一。LED数码管具有发光显示清晰、响应速度快、耗电省、体积小、寿命长、耐冲击、易与各种驱动电路连接等优点，在各种数显仪器仪表、数字控制设备中得到广泛应用。数码管种类很多，常见的数码管如图4-24所示。

（1）1位七段数码管

这类数码管可以分为共阳极与共阴极两种，共阳极就是把所有LED的阳极连接到共同接点com，而每个LED的阴极分别为a、b、c、d、e、f、g及dp（小数点）；共阴极则是把所有LED的阴极连接到共同接点com，而每个LED的阳极分别为a、b、c、d、e、f、g及dp（小数点），如图4-25所示。

图4-24　数码管外形图

 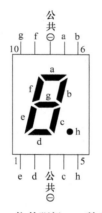 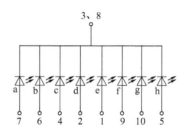

图4-25　1位共阴极LED数码管外形及引脚示意图

具体检测方法：首先，将指针式万用表拨至"R×10k"电阻档。由于LED数码管内部的发光二极管正向导通电压一般≥1.8V，所以万用表的电阻档应置于内部电池电压是15V（或9V）的"R×10k"档。然后进行检测。测共阴极数码管时，万用表红表笔（注意：红表笔接表内电池负极、黑表笔接表内电池正极）应接数码管的"-"公共端，黑表笔则分别去接各笔段电极（a～h脚）；而测共阳极数码管时，黑表笔应接数码管的"+"公共端，红表笔则分别去接a～h脚。正常情况下，万用表的指针应该偏转（一般示数在100kΩ以内），说明对应笔段的发光二极管导通，同时对应笔段会发光。若测到某个管脚时，万用表指针不偏转，所对应的笔段也不发光，则说明被测笔段的发光二极管已经开路损坏。

（2）3位七段数码管

3位数码管共用a、b、c、d、e、f、g及dp这8根数据线，为人们的使用提供了方便，因为里面有3个数码管，所以它有3个公共端，共有11个引脚，如图4-26所示。引脚排列依然是从左下角的那个脚（1脚）开始，以逆时针方向依次为1～11脚，图4-26中的数字与之一一对应。

 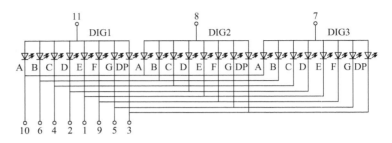

图4-26　3位数码管外形及结构示意图

（3）数码管显示

LED数码管要正常显示，就要用驱动电路来驱动数码管的各个段码，从而显示出要的位，因此根据LED数码管的驱动方式的不同，可以分为静态式和动态式两类。

静态驱动也称直流驱动。静态驱动是指每个数码管的每一个段码都由一个单片机的I/O口进行驱动，或者使用如BCD码二-十进位转换器进行驱动。静态驱动的优点是编程简单，显示亮度高，缺点是占用I/O口多，如驱动5个数码管静态显示则需要5×8=40根I/O口来驱动，可实际一个89S51单片机可用的I/O口才只有32个，故实际应用时必须增加驱动器进行驱动，增加了硬体电路的复杂性。

数码管动态显示是单片机中应用最为广泛的显示方式之一，动态驱动是将所有数码管的8个显示笔画"a、b、c、d、e、f、g、dp"的同名端连在一起，另外为每个数码管的公共极com增加位选通控制电路，位选通由各自独立的I/O线控制，当单片机输出字形码时，所有数码管都接收到相同的字形码，但究竟是哪个数码管会显示出字形，取决于单片机对位选通com端电路的控制，所以只要将需要显示的数码管的选通控制打开，该位就显示出字形，没有选通的数码管就不会亮。

5．单片机转速的计算方法分析

转速的计算方法有定时计数法（测频法/M法）、定数计时法（测周法/T法）、同步计数计时法（M/T）。

（1）定时计数法（测频法/M法）

定时计数法是指在固定的时间内测量转速输出脉冲的个数，该法适于高速测量。对于每转有P个脉冲的转速，在固定时间T_c内计数值为m_1，则

转速为

$$n = \frac{60}{PT_c}m_1 \qquad (4-1)$$

相对误差为

$$\frac{\Delta n}{n} = \frac{1}{m_1} \qquad (4-2)$$

（2）定数测时法（测周法/T法）

定数测时法是指测出转速输出脉冲的周期T，在T内对固定的时钟脉冲频率f_0进行计数，该法适用于低速测量，对于每转有P个脉冲的转速在时间T内计数值为m_2，则

转速为

$$n = \frac{60 f_0}{p} \frac{1}{m_2} \tag{4-3}$$

相对误差为

$$\frac{\Delta n}{n} = \frac{1}{m_{2'} - 1} \tag{4-4}$$

（3）同步计数计时法（M/T法）

同步计数计时法是在M法的基础上吸取T法的优点，其测量转速的过程为：在转速输出脉冲的下降沿启动定时器（定时长度为T_c），同时记取转速输出脉冲个数m_1和时钟脉冲个数m_2。测量时间到，先停止对转速输出脉冲个数的计数，待下一个转速输出脉冲下降沿到来时，再停止对时钟脉冲计数，以保证测到整个转速传感器的输出脉冲，所设的基本测量时间T_c可避免T法因转速高导致测量时间减小的缺点，同时读取对时钟脉冲的计数值可避免M法因转速降低导致精度变差的缺点。

其测量时间为

$$T_d = T_c + \Delta T = m_2 T = m_1 \frac{60}{Pn} \tag{4-5}$$

转速为

$$n = \frac{60 f_0}{P} \frac{m_1}{m_2} \tag{4-6}$$

式（4-6）中的m_1值不再可能有一个脉冲的误差，故M/T法的测量误差只可能因m'_2计数值存在一个脉冲的误差引起。

其相对误差为

$$\frac{\Delta n}{n} = \frac{1}{m_{2'} - 1} \tag{4-7}$$

同步计数计时法综合了上述两种方法的优点，在整个测量范围都达到了很高的精度，精度万分之五以上的测量转速仪表基本都是这种方法。

项目评价

调试完成后，按照表4-6进行评价。

表4-6　转速测量仪项目评价

评价项目	评价内容	评价标准	配　　分	得　　分
工艺	1. 元器件布局 2. 布线 3. 焊点质量	1. 布局合理 2. 布线工艺良好，横平竖直 3. 焊点光滑整洁	30分	
功能	1. 电源电路 2. 转速探头 3. 霍尔式传感器 4. 数码管显示	1. 电源正常未损坏元器件 2. 转速探头安装正确 3. 传感器能将转速信号转换成电信号 4. 数码管能正确显示转速	60分	
安全素养	1. 安全 2. 6S整理	1. 有无安全问题 2. 制作完成后，有无进行6S整理	10分	
小组成员			总分	

项目测试

1. 填空题

1）霍尔式传感器是对_____敏感的传感元件。

2）OH137电路内部由_____、_____、霍尔电压发生器、差分放大器、施密特触发器和组成，能将变化的磁场信号转换成输出。

3）转速的计算方法有_____、_____、_____。

4）霍尔器件是一种基于_____的磁传感器。

5）霍尔效应是指_____在受到垂直于载体平面的作用时，载流子受到的作用，并有向两边聚集的倾向，由于自由电子的聚集（一边多，一边必然少）从而形成_____，在经过特殊工艺制备的半导体材料中，这种效应更为显著，从而形成了霍尔器件。

2. 简答题

1）简述简易转速测量仪每一部分电路的功能。

2）试说明判别3位数码管引脚的区别方法。

项目小结

1）霍尔式传感器的应用非常广泛，在测量领域，可用于测量磁场、电流、位移、压力、转速等。利用霍尔式传感器能将许多非电、非磁的物理量转变成电学量来进行检测和控制。在大多数场合，霍尔式传感器都具有很强的抗外磁场干扰能力，但当有更强的磁场干扰时，要采取适当的措施来解决。通常方法有：①调整模块方向，使外磁场对模块的影响最小；②在模块上加罩一个抗磁场的金属屏蔽罩；③选用带双霍尔器件或多霍尔器件的模块电源维修。

2）本项目中采集的转速信号是利用单片机编程对其进行处理，编程时会涉及算法问题，对于中职学生有一定的难度，也会遇到开设本课程的班级未学过单片机课程，因而本项目的控制程序直接给出，同学们不必做深入研究。

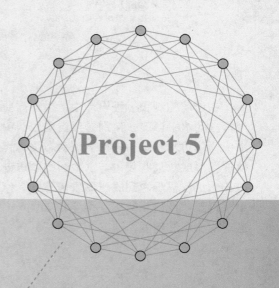

Project 5

项目5

制作电子水平度测试仪

项目目标

1）了解常用加速度传感器的型号及特点。

2）熟悉加速度传感器的原理和特性。

3）能够选用ADXL系列传感器设计应用电路。

4）能够按照方案进行电子水平度测试仪的制作和调试。

5）能够对项目实施进行评价。

项目描述

在自动控制和工程设计中，经常需要对某个平面或者是基准面进行倾斜角的测量，或者进行自动水平调节，特别是在自动控制中，常需要对某一个物体进行动态水平控制，这就要求仪器能对水平倾角进行自动动态跟踪测量；在某些高精度的测量系统中，还要求系统进行快速调平或对某些装置与水平面的倾角进行快速高精度的测量。这些都是传统的倾角测量系统和水平仪很难做到的。随着传感器制作工艺的进步，采用电子式加速度传感器为核心的水平仪得到广泛应用，电子水平仪如图5-1所示。它不仅能满足自动测量与控制的要求，而且还能使测量的精度和速度大大提高。

图5-1 电子水平仪

本项目要求设计一款简单实用电子水平度测试仪，能够对被测物体的倾斜角度做出指示，当倾斜角度达到设定的报警值时并及时报警。

项目分析

传统的检查与规正是利用光学象限仪进行平台水平度的检测，由人工读数完成，检测方法烦琐、读数困难、精度难以保证，而且光学象限仪只有在多次多方位测量后才能综合给出倾斜平台的倾斜角度。这对检测平台或实时控制水平的场合是一个致命弱点。而随着电子技术的进步，电子水平度检测仪由于其方便读数、精度高、体积小等优点，大有淘汰传统水平检测仪之势。它是利用电子式加速度传感器对重力加速度敏感的这一特性，先测出水平二维平面上横轴和纵轴的重力加速度分量，经测量电路处理后，便可得到被测物体的倾斜角度；还可通过预先编程、多个传感器测量平台不同方向，一次性得出平台与基准面之间的面夹角及面夹角的方向。这种测量方法极大地方便了平台平面的调整。

1. 整体方案设计

ADXL345是ADI公司于2009年发布的一款数字式三轴加速度传感器，也是该公司第一款输出数码信号的加速度传感器。ADXL345最大量程可以达到±16g，可以进行高分辨率（13位）测量。数字输出数据为16位二进制补码的形式，可通过SPI（3线或4线）或者I^2C数字接口访问。ADXL345可以在倾斜感测应用中测量静态重力加速度，还可以从运动或者振动中生成动态加速度。它的高分辨率能够分辨仅为0.25°的倾角变化。动态和静态感测功能可以检测有无运动发生，以及在任何轴上的加速度是否超过用户设置的水平。如图5-2所示，通过

ADXL345测量出X、Y、Z轴上的重力加速度分量大小，分别能得到X轴与水平面的夹角α，Y轴与水平面的夹角β，Z轴与水平面的夹角δ。设X轴的加速度分量为Ax，Y轴的加速度分量为Ay，Z轴的加速度分量为Az。

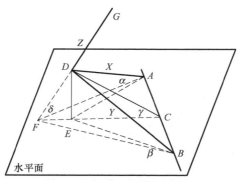

图5-2　加速度传感器的测量原理

对被测物体的静态重力加速度进行力学分析可得如下公的式：

$$Ax=g\cos(90°-\alpha)=g\sin\alpha$$

$$Ay=g\cos(90°-\beta)=g\sin\beta$$

$$Az=g\cos(90°-\delta)=g\sin\delta$$

在单片机中用程序实现以上公式的逆运算便可求出被测物体的实际倾斜角度。

2. 硬件组成结构

如图5-3所示，电子水平度测试仪的测量系统主要由单片机、重力加速度传感器、液晶显示器构成。进行测量时，水平仪发生微小倾斜，传感器的相对位置发生改变，按照测量算法就可得到倾斜角，结果通过液晶显示屏显示出来。

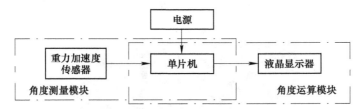

图5-3　电子水平度测试仪硬件组成图

根据以上分析，需要进行如下工作：

1）根据任务分析设计整体制作方案。

2）根据项目要求选择合适的加速度传感器。

3）了解核心部件的工作原理和主要参数。

4）根据加速度传感器的参数设计信号转换电路。

5）根据信号转换电路的输出信号设计指示电路。

6）根据设计要求进行电子水平度测试仪的制作。

7）进行调试与评估。

项目实施

1. 准备工具与元器件

（1）工具清单

电烙铁1把、焊锡丝1卷、稳压电源1台、数字万用表1只、示波器1台、常用旋具1套、万向台1台、导线若干。

（2）元器件清单

元器件清单见表5-1。

表5-1　电子水平度测试仪元器件清单

序　号	元器件名称	代　号	规　格	数　量
1	传感器	MPU	ADXL345	1个
2	单片机	MCU	AT89S52	1块
3	晶体振荡器	Y	11.059 2MHz	1个
4	电容	C_1、C_2	20pF	2个
5	电容	C_3	10μF	1个
6	电阻	R_1	10kΩ	1个
7	电阻	R_2	100Ω	1个
8	电位器	RP	10kΩ	1个
9	液晶显示器	LCD	128×64LCD	1个
10	蜂鸣器	BL		1个
11	万能焊接板			1块

2. 安装与调试

（1）核心元器件选用

本项目选用的核心传感器ADXL345，它是一款小而薄的超低功耗三轴加速度测量系统，如图5-4所示。ADXL345非常适合应用在移动设备中，它既能测量运动或冲击导致的动态加速度，也能测量静止加速度，例如重力加速度，使得器件可作为倾斜传感器使用。ADXL345的主要特性如下：

图5-4　ADXL345实物图

1）电源电压范围：2.0～3.6V；I/O电压范围：1.7～3.5V。

2）SPI模式（3线和4线）和I^2C模式数字接口。

3）通过串行命令可选测量范围和带宽。

4）32级FIFO缓冲器。

5）使用温度范围: -40～85℃。

6）抗冲击能力: 10kg。

7）小而薄: 3mm×5mm×1mm, LGA封装。

8）应用范围: 手机、医疗仪器, 工业仪器、仪表、个人导航设备等。

ADXL345的工作原理是: 首先由前端感应器感测加速度大小, 然后感应电信号器件将它转换成可识别的电信号, 此时的信号还是模拟信号。在芯片内部集成了A-D转换器, 因此模拟信号经过转化器变为数字信号输出。与计算机系统数字信号输出类似, A-D转换器输出的也是16位的二进制补码。数字信号经过数字滤波器的滤波处理后, 在控制和中断逻辑单元的控制下访问32级FIFO, 单片机通过串行接口读取三个轴的加速度数据。单片机通过对寄存器的操作, 发送对串口的读写命令实现对ADXL345的控制。芯片内部的功能框图如图5-5所示。

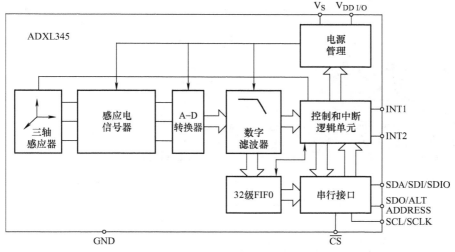

图5-5　ADXL345芯片功能框图

（2）元器件检测

1）根据元器件清单, 进行元器件清点和分类, 将检测结果填入表5-2中。

2）识别ADXL345集成模块引脚, 如图5-6所示。

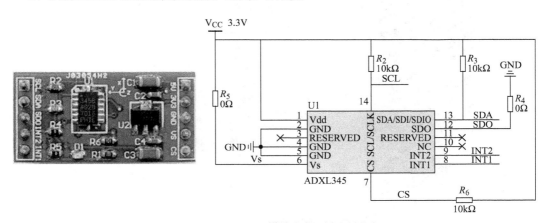

图5-6　ADXL345模块实物图和原理图

3）识别128×64 LCD模块的引脚, 如图5-7所示。

表5-2　元器件检测

序　号	元器件名称	代　号	检 测 结 果	
1	传感器	MPU		
2	单片机	MCU		
3	晶体振荡器	Y		
4	电容	C_1、C_2		
5	电容	C_3		
6	电阻	R_1		
7	电阻	R_2		
8	电位器	RP		
9	液晶显示器	LCD		
10	蜂鸣器	BL		

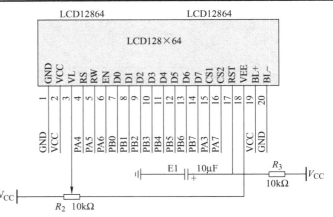

图5-7　128×64 LCD显示模块实物图和原理图

4）识别AT89S52单片机引脚，如图5-8所示。

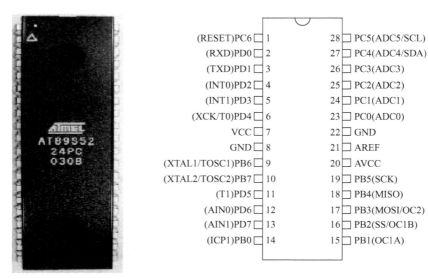

图5-8　AT89S52实物图及引脚功能图

5）使用万用表对电阻器和电位器进行检测，并记录阻值。

（3）元器件成形加工

安装前对各元器件引脚进行成形处理，为保证引脚成形的质量和一致性，应使用专用工具和成形模具，按照工艺要求对元器件进行引脚成形。再将各元器件引脚准备焊接处进行刮削去污，去氧化层，然后在各引脚准备焊接处上锡。

（4）电子水平测试仪的安装

将经过成形、处理过的元器件按原理图（见图5-9）在万能焊接板上进行合理布局，布局可根据如图5-10所示的电路进行。然后进行焊接安装，安装时各元器件均不能装错，特别要注意有极性的元器件不能装反。安装工艺要求见表5-3。

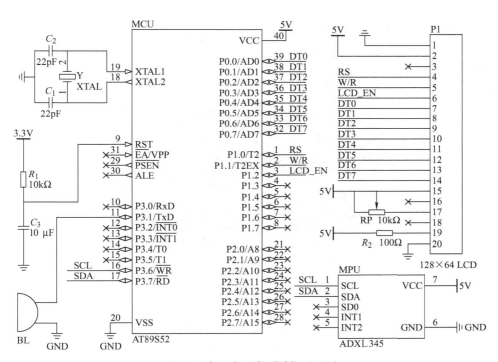

图5-9　电子水平度测试仪原理图

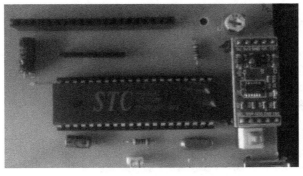

图5-10　元器件布局图

表5-3　元器件安装工艺要求

序　号	元器件名称	代　号	安装工艺要求
1	传感器	MPU	垂直安装，注意分清引脚排列顺序
2	芯片	MCU	垂直安装，注意分清引脚排列顺序
3	电阻	R_1、R_2	水平贴板卧式安装，色环朝向一致
4	电容	$C_1 \sim C_3$	垂直安装
5	晶体振荡器	Y	垂直安装
6	电位器	RP	垂直安装，注意分清引脚排列顺序
7	液晶显示器	LCD	垂直安装
8	蜂鸣器	BL	从板上引出导线连接

焊接组装成品如图5-11所示。

图5-11　电子水平度测试仪成品图

（5）电路调试

1）程序编写。

单片机是整个系统的"心脏"，全部的软件设计都要在单片机上运行。但是在单片机模块程序设计中，主函数的设计较为简单，主要内容是单片机、LCD和ADXL345加速度传感器的初始化，以及利用I/O端口模拟I^2C读写数据，图5-12所示为程序的流程框图。参考程序见附录C。

2）通电前检查。

① 通电前使用万用表检测电路有误短路现象，如果有应排除。

② 检查集成电路引脚连接是否正确。

③ 检查ADXL345模块安装是否与电路板平行。

④ 检查电路连线是否正确，各焊点是否焊牢，元器件是否相互碰触。

3）通电调试。

① 为电路接通5V直流电源，注意电源的正负极。观察LCD是否有显示，若无显示或显示对比度不高，调节电位器

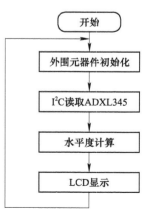

图5-12　程序流程框图

开始

外围元器件初始化

I^2C读取ADXL345

水平度计算

LCD显示

RP，直到显示器显示效果良好为止。

② 将电路水平安装在万向台上，用手改变电路的水平位置，观察LCD上显示的X轴、Y轴、Z轴的读数。图5-13所示是实物电路在不同水平角度下的数据显示。由于ADX345模块内部自带了校准功能，所以电路焊接完成后，只要程序编写正确，便可以准确地进行测量和读数。

图5-13 实物电路在不同水平角度下的数据显示

知识拓展

加速度是物体运动的速度随时间的变化率，即物体的速度每秒增加或减少多少。加速度传感器就是用于测量待测物体运动过程中的加速度的传感器。其组成结构因不同的类型而不同。目前单维型加速度传感器的技术比较成熟，基于压电、压阻、光纤等检测机理的各种传感器，市场上都有相应的产品。然而，物体运动的加速度是一空间矢量。如果要准确了解物体的运动状态，必须测得它的三个坐标轴上的分量；而且在预先不知道物体运动状况的场合下，只有应用多维型加速度传感器来检测相应的加速度信号。同时，随着科学技术的迅速发展，传统的单维加速度传感器已经不能满足在测量、控制和信息技术等领域对传感信息越来越高的要求。

1. 常见的加速度传感器

图5-14所示是常见的加速度传感器。

a) b)

c) d)

图5-14 常见的加速度传感器

a）压阻式 b）电容式 c）压电式 d）应变式

2．加速度传感器的分类

加速度传感器的类型相当繁多，根据被测对象的运动轨迹分类，可以分为直线型（又称单维型）、多维型、旋转型等；根据工作原理不同，可以分为压电式、压阻式、电容式、伺服式等。下面对实际工程中常用的压电式加速度传感器和电容式加速度传感器进行介绍。

（1）压电式加速度传感器

1）工作原理。

压电式加速度传感器又称压电加速度计。它也属于惯性式传感器。它是利用某些物质如石英晶体的压电效应，在加速度计受振时，质量块加在压电元件上的力也随之变化。当被测振动频率远低于加速度计的固有频率时，力的变化与被测加速度成正比。

由于压电式传感器的输出电信号是微弱的电荷，而且传感器本身有很大内阻，故输出能量甚微，这给后接电路带来一定困难。为此，通常把传感器信号先输到高输入阻抗的前置放大器。经过阻抗变换以后，方可用于一般的放大、检测电路，将信号输给指示仪表或记录器。

2）内部结构。

常用的压电式加速度计的结构形式如图5-15所示。S是弹簧，M是质块，B是基座，P是压电元件，R是夹持环。图5-15a是中央安装压缩形，压敏元件、质量块、弹簧系统装在圆形中心支柱上，支柱与基座连接。这种结构有高的共振频率。然而基座B与测试对象连接时，如果基座B有变形则将直接影响拾振器输出。此外，测试对象和环境温度变化将影响压敏元件，并使预紧力发生变化，易引起温度漂移。图5-15b为环形剪切形，结构简单，能做成极小型、高共振频率的加速度计，环形质量块粘到装在中心支柱上的环形压敏元件上。由于黏结剂会随温度增高而变软，因此最高工作温度受到限制。图5-15c为三角剪切形，压电元件由夹持环将其夹牢在三角形中心柱上。加速度计感受轴向振动时，压敏元件承受切应力。这种结构对底座变形和温度变化有极好的隔离作用，有较高的共振频率和良好的线性。

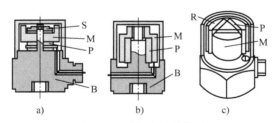

图5-15　压电式加速度计

3）实际应用。

目前最新Thinkpad笔记本式计算机里就内置了加速度传感器，能够动态地监测出计算机在使用中的振动，并根据这些振动数据，系统会智能地选择关闭硬盘还是让其继续运行，这样可以最大程度地保护由于振动（比如颠簸的工作环境，或者不小心摔了计算机）造成的硬盘损害，最大程度地保护里面的数据。另外一个用处就是目前用的数码相机和摄像机里也有加速度传感器，用来检测拍摄时的手部振动，并根据这些振动，自动调节相机的聚焦。概括起来，加速度传感器可应用在游戏控制手柄振动和摇晃检测，汽车制动起动检测，地震检测，工程测振，地质勘探，铁路、桥梁、大坝的振动测试与分析，高层建筑结构动态特性和安全保卫振动侦察上。

（2）电容式加速度传感器

1）工作原理。

由两个相对金属板组成（中间有绝缘介质）的电容器原理如图5-16所示，若忽略边缘效应，平行板电容器的电容量为

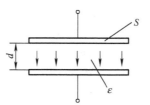

图5-16　电容器原理图

$$C_0 = \frac{\varepsilon S}{d} \qquad (5-1)$$

式中，ε为极板间介质的介电常数（F/m）；S为两平行极板相互覆盖的面积（m²）；d为两极板间的距离（m）。

当被测量的变化使S、d或ε任意一个参数发生变化时，电容量也随之而变，从而完成了由被测量到电容量的转换。

2）结构类型。

式（5-1）中有三个参数，保持两个固定、一个可变，就可得到电容量与可变参数的关系。因此电容式传感器有三种基本类型：变极距型电容传感器、变面积型电容传感器和变介电常数型电容传感器，下面分别加以介绍。

① 变极距型电容传感器。变极距型电容传感器的结构形式如图5-17所示。若式（5-1）中参数S、ε不变，d是变化的，假设电容极板间的距离由初始值d_0减小了Δd，电容量增加ΔC，则有

$$\Delta C = C - C_0 = \frac{\varepsilon S}{d_0 - \Delta d} - \frac{\varepsilon S}{d_0} = C_0 \frac{\Delta d}{d_0 - \Delta d} = C_0 \times \frac{\Delta d}{d_0} \times \frac{1}{1 - \frac{\Delta d}{d_0}} \qquad (5-2)$$

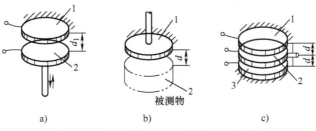

图5-17　变极距型电容传感器结构形式图

a）圆极型　b）圆极型被测物为可动电极　c）圆极型差动式

1，3—定极板　2—动极板

由式（5-2）可知，电容的变化量ΔC与极间距Δd是非线性关系，即传感器的输出特性不是线性关系，特性曲线如图5-18所示。

在式（5-2）中，若$d/\Delta d\approx0$，则式（5-2）简化为

$$\Delta C = C - C_0 = C_0 \times \frac{\Delta d}{d_0} \tag{5-3}$$

此时ΔC与Δd近似呈线性关系，所以变极距型电容式传感器只有在Δd_0很小时，才有近似的线性关系。另外，由式（5-3）可以看出，在d_0较小时，对于同样的Δd变化所引起的ΔC可以增大，从而使传感器灵敏度提高。但d_0过小，容易引起电容器击穿或短路。为此，极板间可采用高介电常数的材料（云母、塑料膜等）做介质，如图5-19所示。若中间介质为云母片，此时电容量C变为一般云母片的相对介电常数是空气的7倍，其击穿电压不小于1 000kV/mm，而空气仅为3kV/mm，因此有了云母片，极板间起始距离可大大减小。同时，式（5-4）中的$d_g/(\varepsilon_0\varepsilon_g)$项是恒定值，它能使传感器的输出特性的线性度得到改善。

$$C = \frac{S}{\frac{d_g}{\varepsilon_0\varepsilon_g} + \frac{d_0}{\varepsilon_0}} \tag{5-4}$$

式中，ε_g为云母的相对介电常数，$\varepsilon_g=7$；ε_0为空气的介电常数，$\varepsilon_0=1$；d_0为空气隙厚度；d_g为云母片的厚度。

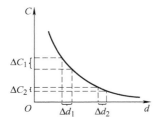

图5-18　电容传感器输出特性曲线

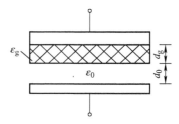

图5-19　有绝缘介质的电容传感器

② 变面积型电容传感器。变面积型电容传感器结构形式如图5-20所示。当图5-20a的平板型电容传感器的可动极板2移动Δx后，两极板间的电容量为

$$C = \frac{\varepsilon b(a - \Delta x)}{d} = C_0 - \frac{\varepsilon b}{d}\Delta x \tag{5-5}$$

式中，ε为介质介电常数；a为电容极板的宽度；b为电容极板的长度；Δx为电容可动极板长度的变化量。

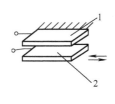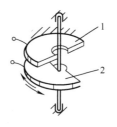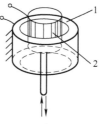

a)　　　　b)　　　　c)　　　　d)

图5-20　变面积型电容传感器结构图

a）平板型　b）扇型　c）圆筒型　d）圆筒型差动式

1，3—定极板　2—动极板

电容的变化量为

$$\Delta C = C - C_0 = -\frac{\varepsilon b}{d} \Delta x \qquad (5-6)$$

电容传感器的灵敏度为

$$S = \frac{\Delta C}{\Delta x} = -\frac{\varepsilon b}{d} \qquad (5-7)$$

可见，变面积型电容传感器的输出特性是线性的，适合测量较大的位移，其灵敏度S为常数，增大极板长度b，减小间距d，可使灵敏度提高，极板宽度a的大小不影响灵敏度，但也不能太小，否则边缘影响增大，非线性将增大。图5-20c为圆筒型电容传感器，其中线位移的电容量在忽略边缘效应时为

$$C = \frac{2\pi\varepsilon l}{\ln\left(r_2 / r_1\right)} \qquad (5-8)$$

式中，l为外圆筒与内圆柱覆盖部分的长度；r_1、r_2分别为外圆筒内半径和内圆柱外半径。

当两圆筒相对移动Δl时，电容变化量为

$$\Delta C = \frac{2\pi\varepsilon l}{\ln\left(r_2 / r_1\right)} - \frac{2\pi\varepsilon\left(l - \Delta l\right)}{\ln\left(r_2 / r_1\right)} = \frac{2\pi\varepsilon\Delta l}{\ln\left(r_2 / r_1\right)} = C_0 \frac{\Delta l}{l} \qquad (5-9)$$

可见此类传感器具有良好的线性。实际应用中，为改善传感器的特性和减少外界因素的影响，提高传感器的灵敏度，电容式传感器常制成差动式结构，如图5-21所示。

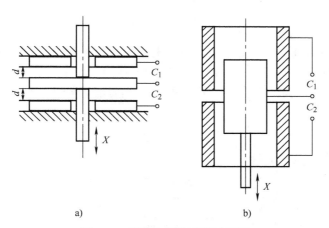

图5-21　差动电容传感器原理图

a）变极距型差动传感器　b）变面积型差动传感器

③ 变介电常数型电容传感器。变介电常数型电容传感器结构形式如图5-22所示。当图5-22b中有介质在极板间移动时，若忽略边缘效应，则传感器的电容量为

$$C = \frac{bl_x}{\left(d_0 - \delta\right)/\varepsilon_0 + \delta/\varepsilon} + \frac{b\left(\alpha - l_x\right)}{\delta/\varepsilon_0} \qquad (5-10)$$

式中，d_0为两极板间的间距；δ为被插入介质的厚度；l_x为被插入介质的长度；ε_0为空气的介电常数；ε为被插入介质的介电常数；a为电容极板宽度；b为电容极板长度。

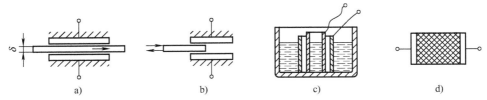

图5-22　变介电常数型电容传感器结构形式图

a）加入介质示意图　b）介质移动方式示意图　c）改变介质性示意图　d）弹性介质示意图

由式（5-10）可见，当运动介质厚度δ保持不变，而介电常数ε改变时，电容量将产生相应的变化，因此可作为介电常数ε的测试仪；反之，如果ε保持不变，而d改变，则可作为厚度测试仪。

3）实际应用。

电容式加速度传感器是将被测量的变化转换为电容量变化的一种装置，它本身就是一种可变电容器。由于这种传感器具有结构简单、体积小、动态响应好、灵敏度高、分辨率高、能实现非接触测量等特点，因而被广泛应用于位移、加速度、振动、压力、压差、液位、成分含量等检测领域。

3. 加速度传感器的响应参数

（1）有效响应（effective response）

在传感器灵敏轴方向上，由输入的机械振动或冲击所引起的传感器的响应。这种响应是正确使用传感器进行测量，取得可靠数据所期望的。有效响应主要有灵敏度，幅频响应和相频响应，非线性度。

（2）乱真响应（spurious response）

在使用传感器测量机械振动或冲击时，由同时存在的其他物理因素所引起的传感器的响应。这种响应是干扰正确测量的，是不期望的。乱真响应主要有温度响应，瞬变温度灵敏度，横向灵敏度，旋转运动灵敏度，基座应变灵敏度，磁灵敏度，安装力矩灵敏度，对特殊环境的响应。

项目评价

调试完成后，按照表5-4进行评价。

表5-4　电子水平度测试仪项目评价

评 价 项 目	评 价 内 容	评 价 标 准	配　分	得　分
工艺	1. 元器件布局 2. 布线 3. 焊点质量	1. 布局合理 2. 布线工艺良好，横平竖直 3. 焊点光滑整洁	30分	
功能	1. 单片机系统 2. 液晶显示 3. 水平度检测	1. 时钟启振，程序运行稳定 2. 液晶显示清晰 3. 能够测出物体倾斜角度	60分	
安全素养	1. 安全 2. 6S整理	1. 有无安全问题 2. 制作完成后，有无进行6S整理	10分	
小组成员			总分	

项目测试

1. 选择题

1）ADXL345加速度传感器可以测量被测物体的静态重力加速度分量，分量为X轴、Y轴、Z轴，采用（　　　）形式输出各分量数据。

  A．模拟量   B．数字量

  C．电容量   D．电阻量

2）压电式加速度传感器又称压电加速度计。它属于惯性式传感器。它利用石英晶体的（　　　）效应，来测量被测物体的加速度值。

  A．光电   B．惯性

  C．压电   D．变阻

2. 填空题

1）加速度传感器的类型相当繁多，根据被测对象的运动轨迹分类，可以分为_____、_____、_____。根据工作原理不同可以分为_____、_____、_____、_____等。

2）ADXL345内部首先由前端感应器感测_____的大小，再由转换元件将它转换成可识别的电信号，此时的信号还是_____信号。

3. 简答题

1）什么是加速度传感器？

2）加速度传感器的有效响应指什么？

4. 拓展任务

请利用互联网资源检索工具，检索ADXL系列的其他加速度传感器。并对比它们与ADXL345加速度传感器之间的区别。根据其特点说明使用范围。

项目小结

本项目通过电子水平度测试仪的制作，讲述了采用加速度传感器检测物体倾斜度的方法，介绍了加速多传感器的种类和用途，着重为读者讲解了ADXL345压电式加速度传感器的工作原理、常规参数和使用方法。

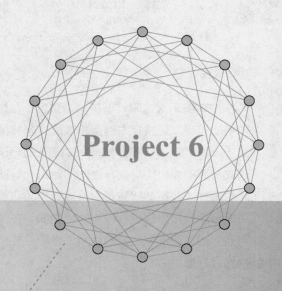

Project 6

项目6

制作超声波测距仪

项目目标

1) 了解常用超声波传感器的型号和特点。

2) 能够根据任务要求进行超声波传感器方案的设计。

3) 能够按照方案进行超声波测距仪的制作和调试。

4) 能够对项目实施进行评价。

项目描述

汽车倒车雷达叫"倒车防撞雷达"，也叫"泊车辅助装置"，是汽车泊车或者倒车时的安全辅助装置，通常装在后保险杠最突起的部分，由超声波传感器（俗称探头）、控制器和显示器（或蜂鸣器）等部分组成，如图6-1所示。汽车倒车雷达能以声音或者更为直观的显示告知驾驶员周围障碍物与汽车之间的距离，解除驾驶员泊车、倒车和起动车辆时前后左右探视所引起的困扰，并帮助驾驶员扫除视野死角和视线模糊的缺陷，提高驾驶的安全性。倒车雷达是利用超声波测距原理进行障碍物检测的。在新的世纪里，随着超声波测距仪的技术进步，面貌一新的测距仪将发挥更大的作用，测距仪将从具有单纯判断功能发展到具有学习功能，最终发展到具有创造力。

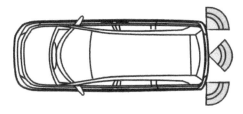

传感器探测区

图6-1　汽车倒车雷达

随着科学技术的快速发展，超声波将在测距仪中的应用越来越广。但就目前的技术水平来说，人们可以具体利用的测距技术还十分有限，因此，这是一个正在蓬勃发展而又有无限前景的技术及产业领域。展望未来，超声波测距仪作为一种新型的重要工具，在各方面都将有很大的发展空间，它将朝着更加高定位高精度的方向发展，满足日益发展的社会需求。

本项目要求设计一款简单实用的超声波测距仪，能对障碍物进行距离检查，并发出声音报警。超声波发射模块如图6-2所示，接收模块如图6-3所示。

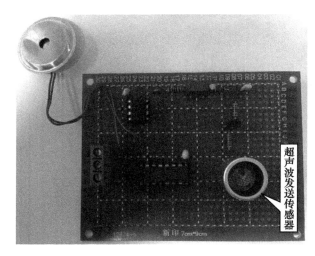

图6-2　超声波发射模块

图6-3　超声波接收模块

项目6
制作超声波测距仪

项目6
项目7
项目8
项目9
附录

项目分析

超声波测距仪的原理是利用超声波的发射和接收，根据超声波传播的时间来计算传播距离。实际的测量方法有两种，一种是在被测两端，一端发射、一端接收的直接波方式；另一种是发射波被物体反射回来后接收的反射波方式。此次设计采用反射波方式。

要完成上述任务，需要进行如下工作：

1）根据任务分析设计整体制作方案。

2）根据被测的量选择合适的超声波传感器。

3）根据超声波传感器的参数设计硬件电路。

4）根据硬件电路设计系统的程序。

5）根据设计要求进行超声波测试仪的制作。

6）进行调试与评估。

1. 整体方案设计

超声波测距仪主要由超声波发射电路、接收电路、控制部分及电源4部分组成，其系统组成框图如图6-4所示。

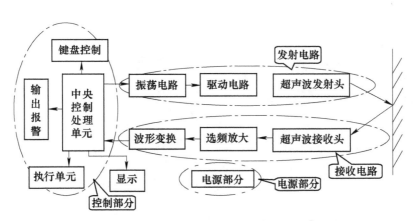

图6-4 超声波测距仪系统组成框图

2. 电路设计与工作原理分析

本次设计主要针对发送和接收两个模块进行设计。发送电路由555构成多谐振荡器，产生振荡频率，经过CD4046构成的驱动电路输出，由NU40C16T型超声波传感器进行超声波发送，也就是将电（频率）信号转换为超声波信号；接收电路采用NU40C16R型超声波传感器对NU40C16T发送的超声波信号进行接收，将接收信号进行处理、选频和放大后，最后由扬声器输出报警信号。本设计也为后续的智能化控制预留接口，为单片机测距控制做好准备。发送电路和接收电路原理图如图6-5和图6-6所示。

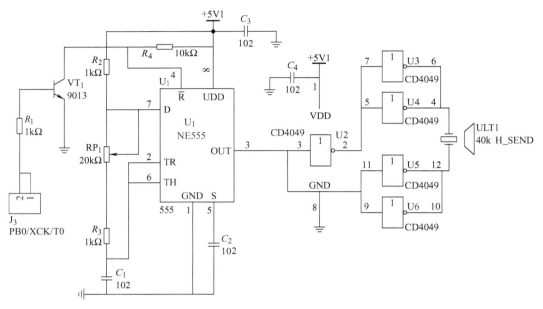

图6-5　超声波发送电路原理图

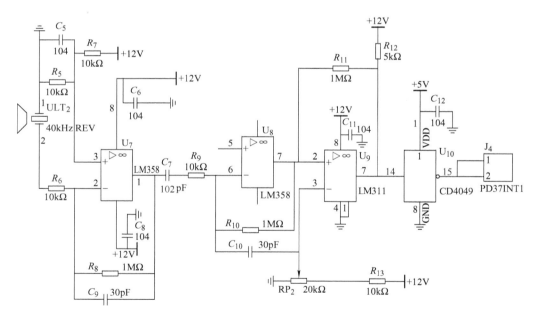

图6-6　超声波接收电路原理图

项目实施

1. 准备工具与元器件

（1）工具清单

电烙铁1把、焊锡丝1卷、稳压电源1台、数字万用表1只、示波器1台、常用旋具1套、导线

若干。

（2）元器件清单

元器件清单见表6-1。

表6-1　超声波测距仪元器件清单

序　号	元器件名称	代　号	规　格	数　量
1	电阻	$R_1 \sim R_3$	1kΩ	3个
2	电阻	$R_4 \sim R_7$、R_9、R_{13}	10kΩ	6个
3	电阻	R_8、R_{10}、R_{11}	1MΩ	3个
4	电阻	R_{12}	5kΩ	1个
5	电容	$C_1 \sim C_4$、C_7	1000pF	5个
6	电容	C_5、C_6、C_8、C_{11}、C_{12}	0.1μF	5个
7	电容	C_9、C_{10}	30pF	2个
8	电位器	RP_1、RP_2	20kΩ	2个
9	晶体管	VT_1	9013	1个
10	芯片	U_1	NE555	1块
11	芯片	$U_2 \sim U_6$、U_{10}	CD4049	7块
12	芯片	U_7、U_8	LM358	2块
13	芯片	U_9	LM311	1块
14	接插件	J_3、J_4		2个
15	超声波发射	ULT_1	NU40C16T	1个
16	超声波接收	ULT_2	NU40C16R	1个
17	万能焊接板			2块

2．安装与调试

（1）核心元器件选用

本项目选用的核心传感元件是NU40C16T/R型超声波传感器，如图6-7所示，主要材料是压电晶体—锆钛酸铅（PZT）。压电晶体组成的超声波传感器是一种可逆传感器，它可以将电能转变成机械振荡而产生超声波，同时它接收到超声波时，也能转变成电能，所以它可以分成发送器或接收器。有的超声波传感器既作发送，也作接收。这类传感器适用于测距、遥控、防盗等用途。

NU40C16T/R型超声波传感器性能指标如下：

● 标称频率：（40.0±1.0）kHz；

● 外径：16mm；

● 声压：115dB（min）；

- 灵敏度：-68dB（min）；
- 最高输入电压：80Vp-p；
- 方向角：60°±15°（6dB）；
- 检测范围：0.2～15m（反射）；
- 分辨率：10mm；
- 工作温度：20～80℃；
- 储存温度：40～85℃；
- 外壳材料：铝壳。

图6-7　NU40C16T/R型超声波传感器

（2）元器件检测

为保证电路功能的正常实现，安装前必须要先进行元器件的清点和检测，将检测结果填入表6-2中。

表6-2　元器件检测

序　　号	元器件名称	代　　号	检 测 结 果
1	电阻	$R_1 \sim R_3$	
2	电阻	$R_4 \sim R_7$、R_9、R_{13}	
3	电阻	R_8、R_{10}、R_{11}	
4	电阻	R_{12}	
5	电容	$C_1 \sim C_4$、C_7	
6	电容	C_5、C_6、C_8、C_{11}、C_{12}	
7	电容	C_9、C_{10}	
8	电位器	RP_1、RP_2	
9	晶体管	VT_1	
10	芯片	U_1	
11	芯片	$U_2 \sim U_6$、U_{10}	
12	芯片	U_7、U_8	
13	芯片	U_9	
14	接插件	J_3、J_4	
15	超声波发射	ULT_1	
16	超声波接收	ULT_2	

1）根据元器件清单，进行元器件的清点和分类，如图6-8和图6-9所示。

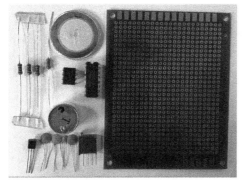

图6-8　超声波发送电路元器件图

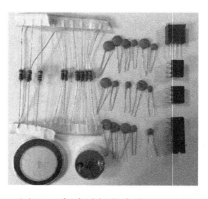

图6-9　超声波接收电路元器件图

2）识别集成电路和超声波传感器引脚。

3）使用万用表对电阻器和电位器进行检测，并记录阻值。

（3）元器件成形加工

安装前对各元器件引脚进行成形处理，为保证引脚成形的质量和一致性，应使用专用工具和成形模具，按照工艺要求对元器件进行引脚成形。再将个元器件引脚准备焊接处进行刮削去污，去氧化层，然后在各引脚准备焊接处上锡。

（4）超声波发射模块的安装与调试

将经过成形、处理过的元器件按原理图在万能焊接板上进行合理布局，元器件参考布局如图6-10所示。然后进行焊接安装，安装时各元器件均不能装错，特别要注意有极性的元器件不能装反。

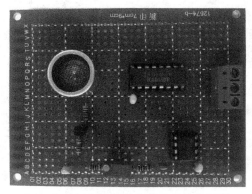

图6-10　超声波发送电路元器件布局图

1）按照电路原理图，参考布局图，正确安装超声波发射模块。

2）超声波发射模块的调试。将电路板上的PBO/XCK/TO测试点插针用排线短接到地，将5V直流稳压电源接到发射电路板上。用示波器的接地端子和信号端子分别连接超声波传感器接收头的两个输出引脚，固定发射头和接收头的间距为10cm，并将发射头对准接收头，准备测试接收头接收超声波后产生的同频信号电压，如图6-11所示。

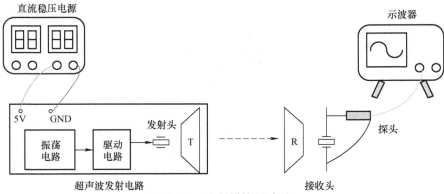

图6-11　发射模块调试图

调节超声波发射板上的电位器RP1可使电路输出一个频率在30～49kHz连续可调的矩形波信号，用示波器观察超声波接收头接收到的信号波形，记录下信号波形幅度最大时的频率，填入表6-3中。

知识小贴士

1）调整可调电阻RP₁，可改变输出波形的频率和占空比。

2）当调整RP₁使得输出信号频率为40kHz时，输出波形的占空比约为50%，为近似理想对称方波。

3）占空比：是指高电平在一个周期之内所占的时间比率。

（5）超声波接收电路的安装与调试

1）按照电路原理图，参考布局（见图6-12），正确安装超声波接收模块。

图6-12　超声波接收电路元器件布局图

2）超声波接收模块的调试。

①利用对射方式进行测距的调试。将信号发生器的输出端子接到超声波传感器发射头的两个输入脚，根据电路原理图给接收电路正确接上直流稳压电源。将发射头对准接收头，用示波器探头检测PD3/INT1测试点的同频信号电压，构成对射式检测环境，如图6-13所示。

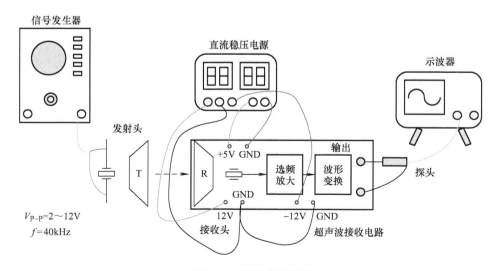

图6-13　对射式检测图

　　调节信号发生器，使其输出峰-峰值为2V、频率为40kHz的方波信号，逐渐增大发射头与接收头之间的测试距离，观察示波器上的信号，直到接收不到信号为止，用直尺测定发射头与接收头之间的距离，即为输入信号峰-峰值为2V时，记录超声波传感器的最大探测距离，填入表6-3中。

　　②利用反射检测方式进行测距的调试。将发射板的发射头与接收板的接收头整齐并行排列，使两者间距固定，中间放置一块隔离挡板，防止余波干扰，将另一挡板放在两个传感器的对面，构成反射式检测环境，如图6-14所示。

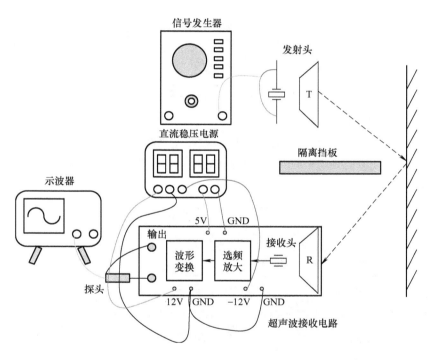

图6-14　反射式检测图

　　在发射头与接收头间距一定的情况下，由近到远移动硬纸板，直到不能检测到回波信号为止，记录最大检测距离；由远到近的移动硬纸板，直到检测不到回波信号为止，记录盲区距离，填入表6-3中。

　　（6）超声波测距仪系统联调

　　分别给单片机控制板、超声波发射板、超声波接收板接上电源，用插针连接线将单片机控制板上的PBO引脚插针连接到超声波发射板的PBO/XCK/TO测试点插针上，将超声波接收板上的PD3/INT1测试点插针连接到控制板的PD3引脚插针上。将发射板的发射头和接收板的接收头整齐并行排列，使两者间距固定，再将硬纸板放在传感器对面，构成反射式系统联调环境，如图6-15所示。

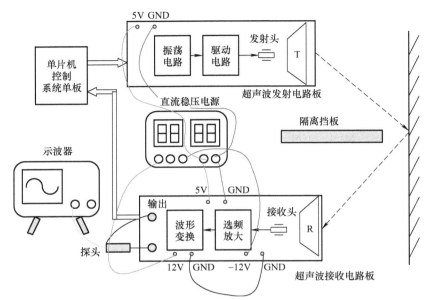

图6-15　反射式系统联调图

系统上电后，在发射头与接收头间距一定的条件下，由近到远移动硬纸板，观察并记录系统测试结果，填入表6-3中。

表6-3　调试结果记录

序　　号	调 试 项 目	调 试 结 果
1	波形幅度最大时频率（单位：Hz）	
2	对射情况下，输入峰-峰值为2V时的最大探测距离（单位：cm）	
3	反射情况下，输入峰-峰值为2V时的最大探测距离（单位：cm）	
4	反射情况下，输入峰-峰值为2V时的盲区距离（单位：cm）	
5	系统联调结果是否正常	

知识拓展

1. 超声波的基本概念

声波是物体机械振动状态（或能量）的传播形式。超声波是指振动频率20000Hz以上的，其每秒的振动次数（频率）甚高，超出了人耳听觉的一般上限（20000Hz），人们将这种听不见的声波叫作超声波。由于其频率高，因而具有许多特点：首先是功率大，其能量比一般声波大得多，因而可以用来切削、焊接、钻孔等；再者由于它频率高，波长短，衍射不严重，具有良好的定向性，工业与医学上常用超声波进行超声探测。超声和可闻声本质上是一致的，它们的共同点都是一种机械振动模式，通常以纵波的方式在弹性介质内会传播，是一种能量的传播形式，其不同点是超声波频率高、波长短、在一定距离内沿直线传播具有良好的束射性和方向性。

超声波在媒质中的反射、折射、衍射、散射等传播规律，与可闻声波的规律没有本质上的区别。但是超声波的波长很短，只有几厘米，甚至千分之几毫米。与可闻声波相比，超声波具有许多奇异特性：

1）传播特性：超声波的波长很短，通常的障碍物的尺寸要比超声波的波长大好多倍，因此超声波的衍射本领很差，它在均匀介质中能够定向直线传播，超声波的波长越短，该特性就越显著。

2）功率特性：当声音在空气中传播时，推动空气中的微粒往复振动而对微粒做功。声波功率就是表示声波做功快慢的物理量。在相同强度下，声波的频率越高，它所具有的功率就越大。由于超声波频率很高，所以超声波与一般声波相比，它的功率是非常大的。

3）空化作用：当超声波在介质的传播过程中，存在一个正负压强的交变周期，在正压相位时，超声波对介质分子挤压，改变介质原来的密度，使其增大；在负压相位时，使介质分子稀疏，进一步离散，介质的密度减小，当用足够大振幅的超声波作用于液体介质时，介质分子间的平均距离会超过使液体介质保持不变的临界分子距离，液体介质就会发生断裂，形成微泡。这些微泡迅速胀大和闭合，会使液体微粒之间发生猛烈的撞击作用，从而产生几千到上万个大气压的压强。微粒间这种剧烈的相互作用，会使液体的温度骤然升高，起到了很好的搅拌作用，从而使两种不相溶的液体（如水和油）发生乳化，且加速溶质的溶解，加速化学反应。这种由超声波作用在液体中所引起的各种效应称为超声波的空化作用。

2．超声波传感器概述

超声波传感器是利用超声波的特性研制而成的传感器。超声波是一种振动频率高于声波的机械波，由换能晶片在电压的激励下发生振动产生的，它具有频率高、波长短、绕射现象小，特别是方向性好、能够成为射线而定向传播等特点。超声波对液体、固体的穿透本领很大，尤其是在阳光不透明的固体中，它可穿透几十米的深度。超声波碰到杂质或分界面会产生显著反射形成反射成回波，碰到活动物体能产生多普勒效应。因此超声波检测广泛应用在工业、国防、生物医学等方面。

以超声波作为检测手段，必须产生超声波和接收超声波。完成这种功能的装置就是超声波传感器，习惯上称为超声换能器，或者超声探头。超声探头主要由压电晶片组成，既可以发射超声波，也可以接收超声波。小功率超声探头多作探测作用。

3．超声波测距原理

测量距离的方法有很多种，短距离的可以用米尺，远距离的有激光测距等，超声波测距适用于高精度的中长距离测量。因为超声波在标准空气中的传播速度为331.45m/s，由单片机负责计时，系统的测量精度理论上可以达到毫米级。

超声波测距的原理一般采用渡越时间法（Time Of Flight，TOF），也可以称为回波探测法，如图6-16所示。超声波发射器向某一方向发射超声波，在发射时刻的同时开始计时，超声波在介质中传播，途中碰到障碍物就立即返回来，超声波接收器收到反射波就立即停止计时。根据传声介质的不同，可分为液介式、气介式和固介式三种。根据所用探头的工作方式，又可分为自发自收单探头方式和一发一收双探头方式。而倒车雷达一般是装在车尾，超声波在空气中传播，超声波在空气中（20℃）的传播速度为340m/s（实际速度为344m/s，这里取整数），根据计时器记录的时间就可以计算出发射点距障碍物的距离，公式为$S=340t/2$。

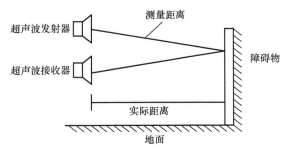

图6-16 超声波测距原理

由于超声波也是一种声波，其声速c与温度有关，表6-4列出了几种不同温度下的声速。在使用时，如果温度变化不大，则可认为声速是基本不变的。如果测距精度要求很高，则应通过温度补偿的方法加以校正。

表6-4 声速与温度的关系

温度/℃	–30	–20	–10	0	10	20	30	100
声速/（m/s）	313	319	325	323	338	344	349	386

4．超声波传感器的选用

超声波传感器有多种不同种类和型号，按换能方式分可分为压电式、磁致伸缩式、电磁式等，在检测技术中主要采用压电式。从结构形式分可分为直探头（纵波）、斜探头（横波）、表面波探头（表面波）、兰姆波探头（兰姆波）、双探头（一个探头反射、一个探头接收）等。常见的超声波探头如图6-17所示。

图6-17 常见超声波探头

超声波传感器用于测距时，选用应注意以下3个要点：

（1）检测范围

超声波传感器的检测范围取决于其使用的波长和频率。波长越长，频率越小，检测距离越大，如具有毫米级波长的紧凑型传感器的检测范围为300～500mm，波长大于5mm的传感器检测范围可达8m。

（2）被测物的形状和大小

由于超声波传感器必须检测到一定级别的声波才能被激励输出信号，因此运用超声波传感器进行距离检测的最理想物体应该是大型、平坦、高密度的物体，垂直放置且面对着传感器感应面。

（3）超声波方向角

传感器的超声波方向角小的，适合检测相对较小的物体。超声波方向角大的，能够检测较大的物体。

5．振荡电路芯片NE555

NE555为8脚时基集成电路，是一种应用方便的中规模集成电路。它具有功能强、使用灵活、使用范围宽的特点，往往只需要外接少数电阻和电容，就可以用来构成不同用途的脉冲电路，如多谐振荡器、单稳态振荡器、施密特触发器等。NE555的外形及引脚排列如图6-18所示。

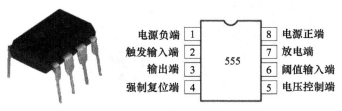

图6-18　NE555外形及引脚排列

6．CD4049芯片

CD4049是六反相缓冲器，具有仅用一电源电压进行逻辑电平转换的特征，用作逻辑电平转换时，输入高电平电压可超过电源电压。该器件主要用作COS/MOS到DTL/TTL的转换器，能直接驱动两个DTL/TTL负载。CD4049的外形及引脚排列如图6-19所示。

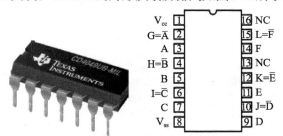

图6-19　CD4049外形及引脚排列

7．LM358芯片

LM358是双运算放大器。内部包括有两个独立的、高增益、内部频率补偿的双运算放大器，适合于电源电压范围很宽的单电源使用，也适用于双电源工作模式，在推荐的工作条件下，电源电流与电源电压无关。它的使用范围包括传感放大器、直流增益模块和其他所有可用单电源供电的使用运算放大器的场合。LM358的外形及引脚排列如图6-20所示。

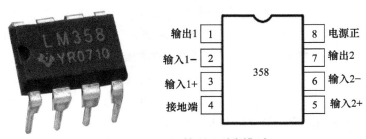

图6-20　LM358外形及引脚排列

8．LM311芯片

LM311电压比较器设计运行在更宽的电源电压：从标准的±15V运算放大器到单5V电源用于逻辑集成电路，其输出兼容RTL，DTL和TTL以MOS电路。此外，它们可以驱动继电器，开关电压高达50V，电流高达50mA。LM311外形及引脚排列如图6-21所示。

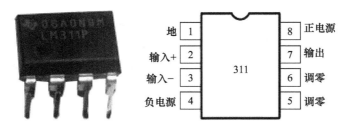

图6-21　LM311外形及引脚排列图

项目评价

调试完成后，按照表6-5进行评价。

表6-5　超声波测距仪项目评价

评 价 项 目	评 价 内 容	评 价 标 准	配　　分	得　　分
工艺	1．元器件布局 2．布线 3．焊点质量	1．布局合理 2．布线工艺良好，横平竖直 3．焊点光滑整洁	30分	
功能	1．超声波发射电路 2．超声波接收电路 3．测量最大和最小距离	1．发射电路能发射超声波 2．接收电路能收到超声波 3．最小100mm，最大15m	60分	
安全素养	1．安全 2．6S整理	1．有无安全问题 2．制作完成后，有无进行6S整理	10分	
小组成员			总分	

项目测试

1．选择题

1）表明声波传感器可以通过测量频率的变化就可检测特定气体成分的含量，其选择性的吸附膜的选择非常重要，常用三乙醇胺薄膜选择性测量（　　　）、Pd膜选择性测量（　　　）、WO_3选择性测量（　　　）、酞箐膜选择性测量（　　　）等。

A．H_2S　　　　　　　　　　　B．H_2

C．NO_2　　　　　　　　　　　D．SO_2

2）单晶直探头发射超声波时是利用压电晶体的（　　　），而接收超声波时是利用压电晶体的（　　　），发射在（　　　），接收在（　　　）。

A．压电效应　　　　　　　　B．逆压电效应

C．电涡流效应　　　　　　　D．先

E．后　　　　　　　　　　　F．同时

3）在超声波探伤仪探伤中，F波幅度较高，与T波的距离较接近，说明（　　　）。

A．缺陷的横截面积较大，且较接近探测表面

B．缺陷的横截面积较大，且较接近底面

C．缺陷的横截面积较小，但较接近探测表面

D．缺陷的横截面积较小，但较接近底面

4）超声波传感器属于（　　　）测量。

A．接触　　　　　B．非接触

5）以下的（　　　）属于超声波测流量的方法。

A．时差法　　　　B．频率差法　　　　C．相位差法

6）超声波单晶直探头传感器的测厚是利用超声波的（　　　）特性。

A．投射　　　　　　　　　　B．折射

C．反射　　　　　　　　　　D．衰减

2. 填空题

1）超声波测距仪的原理是利用超声波的_____和_____，根据超声波传播的时间来计算传播距离。

2）超声波测距仪主要由超声波_____电路、_____电路、_____部分及_____4部分组成。

3）超声波测距仪作为一种新型的非常重要有用的工具在各方面都将有很大的发展空间，它将朝着更加_____、_____的方向发展，满足日益发展的社会需求。

4）压电晶体组成的超声波传感器是一种_____传感器，它可以将_____转变成而_____产生超声波，同时它接收到超声波时，也能转变成电能，所以它可以分成发送器或接收器。有的超声波传感器既作发送，也能作接收。

5）超声波是指振动频率大于_____Hz以上的，其每秒的振动次数（频率）甚高。

6）封装好的555芯片有_____只引脚，其中_____引脚用于振荡输出。

7）超声波的振动频率高于_____时，人耳是_____。

8）超声波在均匀介质中按_____方向传播，但到达界面或者遇到另一种介质时，也像光波一样产生反射和折射。超声波的发射，依据压电晶体的_____效应；超声波的接收，依据压电晶体的_____效应。

9）超声波探头是实现_____能和_____能相互转换的一种换能元器件。按其不同的结构可分为_____探头、_____探头、双探头和_____探头等。

10）超声波有_____、_____和_____以及_____的特性。

11）超声波发射探头所反映的是_____效应，是一种_____能转换为_____能的能量装置；超声波接收探头所反映的是_____效应，是一种

_____能转换为_____能的能量装置。

12）超声波传感器对物位的测量是根据超声波在两个分界面上的_____特性而进行的。

3. 简答题

1）NE555芯片在电路中构成什么电路？输出频率约为多少？

2）简单叙述声波传感器的原理。

3）什么是声表面波？SAW传感器主要有哪些特性？

4. 思考题

1）试分析超声波测距仪发射模块的工作原理。

2）试分析超声波测距仪接收模块3个运算放大器各构成什么电路，并分析原理。

项目小结

1）超声波测距仪的原理是利用超声波的发射和接收，根据超声波传播的时间来计算传播距离。

2）NU40C16T/R型超声波传感器，主要材料是压电晶体—锆钛酸铅（PZT）。

3）声波是物体机械振动状态（或能量）的传播形式。超声波是指振动频率大于20 000Hz的，其每秒的振动次数（频率）甚高。

4）NE555为8脚时基集成电路，是一种应用方便的中规模集成电路。它具有功能强、使用灵活、使用范围宽的特点。

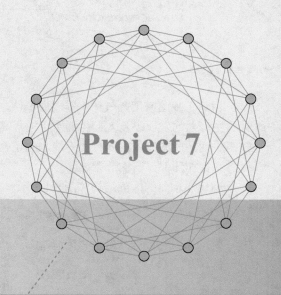

项目 **7**

制作热水器加热炉温度检测单元

项目目标

1）了解温度的基本概念和各种温标。

2）掌握热电式传感器的工作原理。

3）掌握热电偶的热电效应和热电动势的组成。

4）了解金属热电阻的工作原理，掌握铜热电阻和铂热电阻的性能特点与应用。

5）了解热敏电阻传感器的类型、构成和应用。

项目描述

目前，我国家用燃气热水器发展很快，品种繁多，但其工作原理基本结构大致相同。随着社会生产力的发展以及人们生活水平的提高，燃气热水器也在不断更新、发展，以满足人们对较高生活品质的追求。而今燃气热水器正朝着以下这些方向发展：安全性能不断完善，舒适性提高，更加环保，更加节能。

燃气热水器的内部结构如图7-1所示。

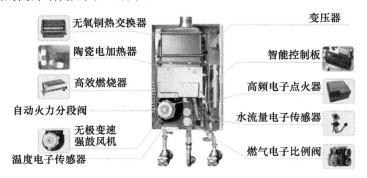

无氧铜热交换器　　　　　　　变压器
陶瓷电加热器　　　　　　　智能控制板
高效燃烧器　　　　　　　高频电子点火器
自动火力分段阀　　　　　　水流量电子传感器
无极变速强鼓风机
温度电子传感器　　　　　　燃气电子比例阀

图7-1　燃气热水器的内部结构

本项目即利用热电式传感器热电偶设计制作燃气热水器加热炉温度检测显示单元。它是以热电偶为传感元件，将燃气热水器加热炉的温度转化为电压输出并能将输出电压值转化为温度值并显示出来，如图7-2所示。

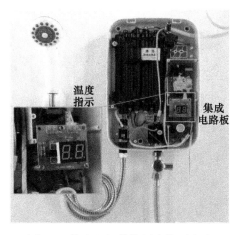

温度指示　　　　集成电路板

图7-2　热水器加热炉温度检测电路

项目分析

热水器的设计主要考虑的要求是安全性、舒适性、操作方便性及成本等因素。其中安全性是整个系统设计首先需要考虑的问题，虽然热水器发展到现在认为基本解决了安全问题，但是诸如水温偏高导致烫伤等安全事故还是偶尔发生，所以保证系统运行安全可靠是控制器设计的基本要求。

1）根据任务分析设计整体制作方案。

2）根据热电偶传感器的工作原理，将燃气热水器加热炉的温度转化为电压输出。

3）根据测量电路能够将转换电压放大后再输出。

4）根据要求使用4位数码管显示温度设计指示电路。

5）根据设计要求进行温度检测单元的制作。

6）进行调试与评估。

1. 整体方案设计

本方案设计燃气热水器加热炉的温度显示，采用K型热电偶采集前段的温度信号，将之转换为电压信号，再通过两级放大，将信号传递到一个专用显示芯片ICL7107，芯片将电压信号转换为数码管的数码信号，并输出驱动4位数码管显示。设计方案系统框图如图7-3所示。

图7-3 热水器加热炉温度显示装置系统框图

2. 电路设计与工作原理分析

本设计应用热电偶作为敏感元件构成传感器系统。热电偶是工业上最常用的温度检测元件之一，它测温的基本原理是将两种不同材料的导体或半导体A和B焊接起来，构成一个闭合回路。当导体A和B的两个连接点1和2之间存在温差时，两者之间便产生电动势，因而在回路中形成一个电流，这种现象称为热电效应。热电偶就是利用这一效应来工作的。热电偶测温需要进行冷端补偿，可利用补偿导线、电桥等方法实现。热水器加热炉的温度检测单元电路原理如图7-4所示。

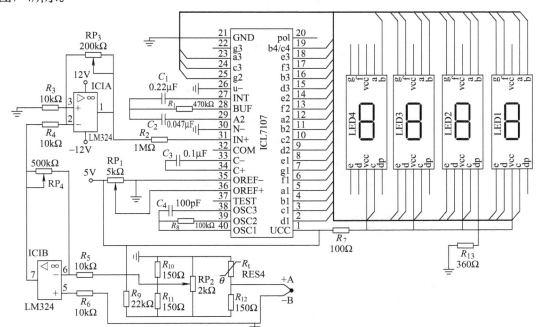

图7-4 热水器加热炉温度检测单元电路原理图

项目实施

1. 准备工具与元器件

（1）工具清单

电烙铁1把、焊锡丝1卷、稳压电源1台、数字万用表1只、示波器1台、常用旋具1套、导线若干。

（2）元器件清单

元器件清单见表7-1。

表7-1　热水器加热炉温度检测单元元器件清单

序　号	元器件名称	代　号	规　格	数　量
1	数码管	$LED_1 \sim LED_4$	SM107DHK	4个
2	芯片	IC_1	ICL7107	1块
3	芯片	IC_2	LM324	1块
4	电阻	R_1	470kΩ	1个
5	电阻	R_2	1MΩ	1个
6	电阻	$R_3 \sim R_6$	10kΩ	4个
7	电阻	R_7	100Ω	1个
8	电阻	R_8	100kΩ	1个
9	电阻	R_9	22kΩ	1个
10	电阻	$R_{10} \sim R_{12}$	150Ω	3个
11	电阻	R_{13}	360Ω	1个
12	电位器	RP_4	500kΩ	1个
13	电位器	RP_1	5kΩ	1个
14	电位器	RP_2	2kΩ	1个
15	电位器	RP_3	200kΩ	1个
16	热敏电阻	R_t	RES4	1个
17	电容	C_1	0.22μF	1个
18	电容	C_2	0.047μF	1个
19	电容	C_3	0.1μF	1个
20	电容	C_4	101pF	1个
21	K型热电偶	B		1支
22	万能焊接板			1块

2. 安装与调试

（1）核心元器件选用

1）ICL7107介绍。

ICL7107是一块应用非常广泛的集成电路。它包含$3\frac{1}{2}$位数字A-D转换器，可直接驱动LED数码管，内部设有参考电压、独立模拟开关、逻辑控制、显示驱动、自动调零功能等。

下面主要介绍其引脚（见图7-5）、主要参数和功能（见表7-2）。

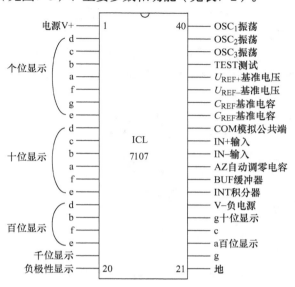

图7-5　ICL7107引脚

表7-2　ICL7107引脚功能

引　脚　号	功　能　说　明	引　脚　号	功　能　说　明
1	正电源	29	AZ自动调零电容
2～8	显示器个位数的各段驱动输出端	30	IN-输入
9～14，25	显示器十位数的各段驱动输出端	31	IN+输入
15～18，22～24	显示器百位数的各段驱动输出端	32	COM模拟公共端
19	显示器千位数的驱动输出端	33、34	C_{REF}基准电容
20	极性显示端（负显示）	35	U_{REF}-基准电压
21	接地	36	U_{REF}+基准电压
26	负电源	37	TEST测试
27	INT积分器	38～40	OSC振荡
28	BUF缓冲器		

① ICL7107的工作原理。

a）双积分型A-D转换器。ICL7107是一种间接A-D转换器。它通过对输入模拟电压和参考电压分别进行两次积分，将输入电压平均值变换成与之成正比的时间间隔，然后利用脉冲时间间隔，进而得出相应的数字性输出。

b）它包括积分器、比较器、计数器，控制逻辑和时钟信号源。积分器是A-D转换器的心脏，在一个测量周期内，积分器先后对输入信号电压和基准电压进行两次积分。比较器将积分器的输出信号与零电平进行比较，比较的结果作为数字电路的控制信号。

c）时钟信号源的标准周期T_c作为测量时间间隔的标准时间。它是由内部的两个反向器以及外部的RC组成的。

d）计数器对反向积分过程的时钟脉冲进行计数。控制逻辑包括分频器、译码器、相位驱动器、控制器和锁存器。分频器用来对时钟脉冲逐渐分频，得到所需的计数脉冲f_c和共阳极LED数码管公共电极所需的方波信号f_c。

e）译码器为BCD-7段译码器，将计数器的BCD码译成LED数码管7段笔画组成数字的相应编码。驱动器是将译码器输出对应于共阳极数码管7段笔画的逻辑电平变成驱动相应笔画的方波。

f）控制器的作用有3个：第一，识别积分器的工作状态，适时发出控制信号，使各模拟开关接通或断开，A-D转换器能循环进行；第二，识别输入电压极性，控制LED数码管的负号显示；第三，当输入电压超量限时发出溢出信号，使千位显示"1"，其余码全部熄灭。

g）锁存器用来存放A-D转换的结果，锁存器的输出经译码器后驱动LED。它的每个测量周期自动调零（AZ）、信号积分（INT）和反向积分（DE）三个阶段。

② ICL7107的主要参数。

a）电源电压：V+：6V；V−：−9V。

b）温度范围：0～70℃。

c）热电阻：PDIP封装：50℃/W；MQFP封装：80℃/W。

d）模拟输入电压：V+～V−。

e）最大结温：150℃。

f）参考输入电压：V+～V−。

g）最高储存温度范围：−65～150℃。

h）时钟输入：GND～V+。

i）振荡周期：$T_c=2RC\ln1.5=2.2RC$。

2）LM324介绍。

LM324系列器件是带有真差动输入的4运算放大器。与单电源应用场合的标准运算放大器相比，它们有一些显著优点。这4个放大器可以工作在低到3.0V或者高到32V的电源下，静态电流为MC1741的静态电流的1/5。共模输入范围包括负电源，因而消除了在许多应用场合中采用外部偏置元件的必要性。每一组运算放大器可用图7-6所示的符号来表示，它有5个引出脚，其中，"+""−"为两个信号输入端，"V+""V−"为正、负电源端，"Vo"为输出端。两个信号输入端中，Vi−为反相输入端，表示运放输出端Vo的信号与该输入端的位相反；Vi+为同相输入端，表示运放输出端Vo的信号与该输入端的相位相同。

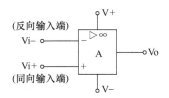

图7-6　LM324独立运算放大器

LM324系列有4个独立的高增益内部频率补偿运算放大器，其中内部频率补偿是专为单电源供电时扩大电压范围而设置的。

LM324是4运放集成电路，它采用14脚双列直插塑料封装，外形如图7-7所示。它的内部包含4组形式完全相同的运算放大器，除电源共用外，4组运放相互独立。每一组运算放大器可用

图7-6所示的符号来表示。LM324的引脚排列如图7-8所示。

图7-7 LM324外形结构

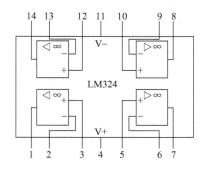

图7-8 LM324的引脚排列

（2）元器件检测

1）根据元器件清单，进行元器件的清点和分类，如图7-9所示。

2）识别集成电路LM324和ICL7017芯片引脚。

3）识别数码管引脚。

4）使用万用表对电阻器和电位器进行检测，并记录阻值。

将检测结果填入表7-3中。

图7-9 元器件图

表7-3　元器件检测

序　号	元器件名称	代　号	检测结果
1	数码管	LED	
2	芯片	IC_1	
3	芯片	IC_2	
4	电阻	R_1	
5	电阻	R_2	
6	电阻	$R_3 \sim R_6$	
7	电阻	R_7	
8	电阻	R_8	
9	电阻	R_9	
10	电阻	$R_{10} \sim R_{12}$	
11	电阻	R_{13}	
12	电位器	RP_4	
13	电位器	RP_1	
14	电位器	RP_2	
15	电位器	RP_3	
16	电阻	R_t	
17	电容	C_1	
18	电容	C_2	
19	电容	C_3	
20	电容	C_4	
21	热电偶	B	

（3）元器件成形加工

安装前对各元器件引脚进行成形处理，为保证引脚成形的质量和一致性，应使用专用工具和成形模具，按照工艺要求对元器件进行引脚成形。再将每个元器件引脚准备焊接处进行刮削去污，去氧化层，然后在各引脚准备焊接处上锡。

（4）热水器加热炉温度检测单元电路的安装

将经过成形、处理过的元器件按原理图（见图7-2）在万能焊接板上进行合理布局，元器件参考布局如图7-10所示。然后进行焊接安装。安装时各元器件均不能装错，特别要注意有极性的元器件不能装反，如数码管和集成电路等。

图7-10　元器件布局图

（5）热水器加热炉温度检测单元电路调试

步骤一：调试仪器准备。

需准备直流稳压电源、数字万用表等。

步骤二：通电前检查。

1）检查数码管引脚是否装错。

2）检查集成电路引脚连接是否正确。

3）检查电阻和电容器有没有焊错。

4）检查电路连线是否正确、各焊点是否焊牢、元器件是否相互碰触。

5）用数字万用表通断档测量电源正负接入点之间的电阻，应为高阻状态。如有短路现象，则应立即排查。

步骤三：通电调试。

1）先检测电源，当电源正常，红发光管稳定发光即可。再用万用表检查各电压入线对地的输入电阻，应大于2kΩ，正确才接上电源。

2）按照原理图接好电源线、热电偶。用烧杯接好一杯水（杯中水高于70%）在室温下开始加热，将热电偶和温度计放入水中同一个位置，用温度计测量热水升温的数据，并记录下来，每5℃记录一次，同时记录电路板显示的温度。如此一次测得的数据与实际温度差别很大，进行下一步调试。

3）准备好另一杯未加热的水，继续照前一步一样测试，并不断调整200kΩ、500kΩ、5kΩ的电位器，使电路板显示和实际温度相近。

4）多次调试2）、3）过程，使电路板显示的温度和实际温度误差减到最小。

知识拓展

1. 温度测量的基本概念

（1）温度的基本概念

温度是表征物体冷热程度的物理量。温度的概念是以热平衡为基础的，如果两个相接处的物体温度不相同，它们之间就会产生热交换，热量将从温度高的物体向温度低的物体传递，直到两个物体温度相同为止。

温度的微观概念是：温度标志着物质内部大量分子的无规则运动的剧烈程度。温度越高，表示物体内部分子热运动越剧烈。

（2）温标

1）摄氏温标（℃）。

摄氏温标把在标准大气压下冰的熔点定为0℃，把水的沸点定为100℃。在这两固定点间划分100等分，每一等分为1℃，符号为t。

2）华氏温标（℉）。

它规定在标准大气压下，冰的熔点为32℉，水的沸点为212℉。在这两固定点间划分180等分，每一等分为1℉，符号为θ。华氏温标与摄氏温标之间的关系为

$$\theta/℉=（1.8t/℃+32）$$

3）热力学温标（K）。

热力学温标是建立在热力学第二定律基础上的最科学的温标，由开尔文根据热力学定律提出来的，因此又成为开氏温标。其符号为T，单位为开尔文（K）。

$$t/℃=T/K-273.15 \qquad 或 \qquad T/K=t/℃+273.15$$

（3）温度测量及传感器分类

温度测量及传感器分类见表7-4。

表7-4　温度测量及传感器分类

所利用的物理现象	传感器	测温范围/℃	特点
体积 热膨胀	气体温度计 液体压力温度计 玻璃水银温度计 双金属片温度计	−250～1000 −200～350 −50～350 −50～300	不需要电源，耐用，但感温部件体积较大
接触热电动势	钨铼热电偶 铂铑热电偶 其他热电偶	1000～2100 200～1800 −200～1200	自发电型，标准化程度高、品种多，可根据需要选择；必须注意冷端温度补偿
电阻的变化	铂热电阻 热敏电阻	−200～900 −50～300	标准化程度高，但需要接入桥路才能得到电压输出
PN结结电压	硅半导体二极管 （半导体集成电路温度传感器）	−50～150	体积小、线性好，但测温范围小
温度—颜色	示温涂料 液晶	−50～1300 0～100	面积大，可得到温度图像；但易衰老、精度低
光辐射 热辐射	红外辐射温度计 光学高温温度计 热释电温计 光子探测器	−50～1500 500～3000 0～1000 0～3500	非接触式测量，反应快，但易受环境和被测表面状态影响，标定困难

2. 热电偶传感器的工作原理与实用电路

（1）热电偶的工作原理

1）热电效应。

将2种不同成分的导体组成一闭合回路，如图7-11所示。当闭合回路的两个接点分别置于不同的温度场中时，回路中将产生一个电动势，该电动势的方向和大小与导体的材料及两接点的温度有关，这种现象称为"热电效应"，两种导体组成的回路称为"热电偶"，这两种导体

称"热电极",产生的电动势则称为"热电动势",热电偶的两个接点,一个称为工作端或热端,另一个称为自由端或冷端。

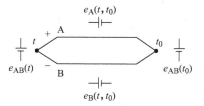

图7-11　热电偶回路原理图

2）接触电动势。

含义：由于两种不同导体的自由电子密度不同而在接点形成的电动势,如图7-12所示。

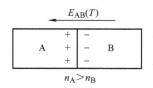

图7-12　接触电动势含义

接触电动势的数值取决于两种不同导体的材料特性和接点的温度。两接点的接触电动势 $e_{AB}(T)$ 可表示为

$$e_{AB}(T)=\frac{kT}{e}\ln\frac{N_A}{N_B}$$

式中, $e_{AB}(T)$ 为A、B两材料在温度T的接触电动势; T为接点处的绝对温度; K为玻尔兹曼常数（ $K=1.38\times10^{-23}$ J/K）; e为电子电荷（ $e=1.6\times10^{-19}$ C）; N_A、N_B 为热电极材料A、B的自由电子密度。

接触电动势的大小与温度高低及导体中的电子密度有关。

（2）热电偶基本定律

1）均质导体定律。

如果热电偶中的两个热电极材料相同,则无论接点的温度如何,热电动势均为零。

2）中间导体定律（见图7-13）。

在热电偶测温回路内,接入第三种导体时,只要第三种导体的两端温度相同,则对回路的总热电动势没有影响。

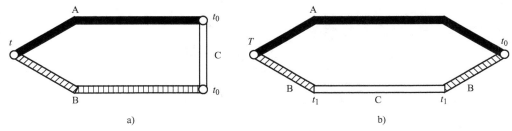

图7-13　中间导体定律

$$e_{ABC}(t, t_0) = e_{AB}(t) - e_{AB}(t_0) = e_{AB}(t, t_0)$$

3）中间温度定律。

在热电偶测温回路中，t_n为热电极上某一点的温度，热电偶AB在接点温度为t、t_0时的热电动势$e_{AB}(t, t_0)$等于热电偶AB在接点温度t、t_n和t_n、t_0时的热电势$e_{AB}(t, t_n)$和$e_{AB}(t_n, t_0)$的代数和，即

$$e_{AB}(t, t_0) = e_{AB}(t, t_n) + e_{AB}(t_n, t_0)$$

4）标准电极定律（见图7-14）。

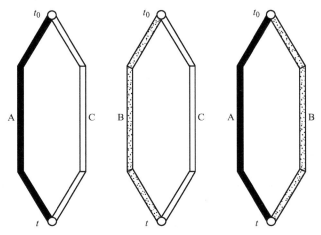

图7-14　标准电极定律

已知热电极A、B与参考电极C组成的热电偶极点温度（t, t_0）时的热电动势分别为$e_{AC}(t, t_0)$、$e_{BC}(t, t_0)$，则A、B两热电极配对，热电动势$e_{AB}(t, t_0)$计算为

$$e_{AB}(t, t_0) = e_{AC}(t, t_0) - e_{BC}(t, t_0)$$

标准电极定律的意义：通常选用高纯铂丝作为标准电极，只要测得它与各种金属组成的热电偶的热电动势，则各种金属间相互组合成热电偶的热电动势就可根据标准电极定律计算出来。

（3）热电偶的结构及材料

为了适应不同生产对象的测温要求和条件，热电偶常见的结构形式有普通型热电偶、铠装型热电偶、薄膜热电偶三种。

1）普通型热电偶（见图7-15）。

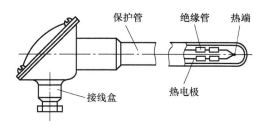

图7-15　普通型热电偶结构

普通型结构热电偶在工业上使用最多，它一般由热电极、绝缘套管、保护管和接线盒组成。

普通型热电偶按其安装时的连接形式可分为固定螺纹连接、固定法兰连接、活动法兰连接、无固定装置等。

2）铠装型热电偶（见图7-16）。

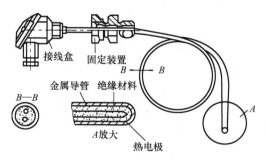

图7-16　铠装型热电偶

优点：测温端热容量小，动态响应快；机械强度高，可安装在结构复杂的装置上。

3）薄膜热电偶（见图7-17）。

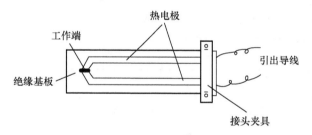

图7-17　薄膜热电偶

特点：热接点可以做得很小（μm级），具有热容量小、反应速度快（μs级）等特点，适用于微小面积上的表面温度以及快速变化的动态温度测量。

（4）热电偶的材料

工程用热电偶材料应满足条件：热电动势变化尽量大；热电动势与温度关系尽量接近线性关系；物理、化学性能稳定；易加工，复现性好；便于成批生产；有良好的互换性。

国际电工委员会（IEC）向世界推荐8种标准化热电偶（已列入工业标准化文件中，具有统一的分度表）。我国已采用IEC标准生产热电偶，并按标准分度生产与之相配的显示仪表。标准化热电偶的主要性能和特点见表7-5。

表7-5　标准化热电偶的主要性能和特点

热电偶名称	分 度 号		允 许 偏 差			特 点
	新	旧	等级	适用温度	允许误差（±）	
铜-铜镍	T	CK	Ⅰ	−40～350℃	0.5℃或0.004×$\mid t \mid$	测温精度高、稳定性好、低温时灵敏度高、价格低廉，适用于在−200～400℃测温
			Ⅱ		1℃或0.0075×$\mid t \mid$	

（续）

热电偶名称	分度号		允许偏差			特 点
	新	旧	等级	适用温度	允许误差（±）	
镍铬-铜镍	E	—	I	−40～800℃	1.5℃或0.004×$\lvert t \rvert$	适用于氧化及弱还原性气温中测温，按其偶丝直径不同，测温范围为−200～900℃，稳定性好、灵敏度高、价格低廉
			II	−40～900℃	2.5℃或0.0075×$\lvert t \rvert$	
铁-铜镍	J	—	I	−40～750℃	1.5℃或0.004×$\lvert t \rvert$	适用于氧化、还原气氛中测温，亦可在真空、中性气氛中测温，稳定性好、灵敏度高、价格低廉
			II		2.5℃或0.0075×$\lvert t \rvert$	
镍铬-镍硅	K	EU-2	I	−40～1000℃	1.5℃或0.004×$\lvert t \rvert$	适用于氧化和中性气温中测温，按其偶丝直径不同，测温范围为−200～1300℃。若外加密封保护管，还可以在还原气氛中短期使用
			II	−40～1200℃	2.5℃或0.0075×$\lvert t \rvert$	
铂铑10-铂	S	LB-3	I	0～1100℃	1℃	适用于氧化气氛中测温，短期最高使用温度为1300℃。短期使用温度为1600℃，使用温度性稳定、灵敏度高，但价格贵
			II	600～1600℃	0.0025×$\lvert t \rvert$	
铂铑30-铂铑6	B	LL-2	II	600～1700℃	1.5℃或0.005×$\lvert t \rvert$	适用于氧化气氛中测温，短期最高使用温度为1600℃。最高使用温度为1800℃。温度性好、测量温度高
			III	800～1600℃	0.005×$\lvert t \rvert$	

（5）热电偶典型测量线路

热电偶典型测量线路如图7-18所示。

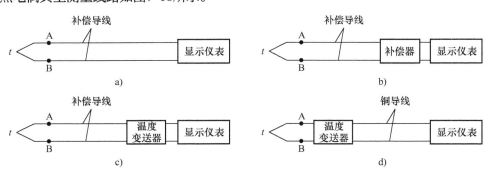

图7-18　热电偶典型测量线路

a）普通测温线路　b）带有补偿器的测温线路

c）具有温度变送器的测温线路　d）具有一体化温度变送器的测温线路

3. 金属热电阻传感器的工作原理

（1）热电阻的基本工作原理

热电阻是利用电阻与温度成一定函数关系的特性，由金属材料制成的感温元件。当被测温度变化时，导体的电阻随温度变化而变化，通过测量电阻值变化的大小而得出温度变化的情况及大小数值，这就是热电阻测温的基本原理。

（2）常用热电阻及特性

常用热电阻材料有铂、铜和铁等。

① 铂电阻。

a）当温度t在$-200\sim0℃$时，铂的电阻与温度的关系可以表示为

$$R_t=R_0[1+At+Bt^2+Ct^3（t-100）]$$

b）当温度t在$-200\sim850℃$时，铂的电阻与温度的关系为

$$R_t=R_0（1+At+Bt^2）$$

式中，R_0为温度为$0℃$时的电阻值；R_t为温度为$t℃$时的电阻值；A、B、C为常数（$A=3.96847\times10^3 1/℃$，$B=-5.847\times10^{-7} 1/℃$，$C=-8.22\times10^{-12} 1/℃$）。

② 铜电阻。铜电阻的特点是价格便宜（而铂是贵重金属）、纯度高、重复性好、电阻温度系数大，$a=（8.25\sim8.28）\times10^{-3} 1/℃$（铂的电阻温度系数在$0\sim100℃$的平均值$3.9\times10^{-3}℃$），其测温范围为$-50\sim150℃$，当温度再高时，裸铜就氧化了。在上述测温范围内，铜的电阻值与温度呈线形关系，可表示为$R_t=R_0（1+at）$。

（3）热电阻的应用

1）温度测量，其测量原理图如图7-19所示。

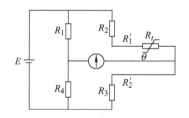

图7-19　热电阻温度的测量电路图

2）流量测量，其测量原理图如图7-20所示。

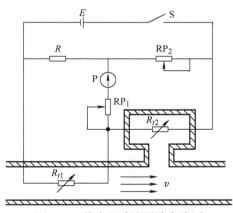

图7-20　热电阻式流量计电路图

4. 热敏电阻传感器的工作原理与实用电路

（1）热敏电阻概述

热敏电阻是一种新型的半导体测温元件，它是利用半导体的电阻随温度变化的特性而制成的。按温度系数不同，它可分为正温度系数热敏电阻（PTC）和负温度系数热敏电阻（NTC）

两类。

主要特点：灵敏度高、稳定性好、过载能力强、寿命长。

（2）热敏电阻的基本应用

1）温度控制。利用热敏电阻作为测量元件可以组成温度自动控制系统。图7-21所示为温度自动控制电加热器电路原理图。

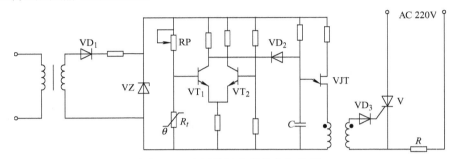

图7-21　应用热敏电阻的电加热器

2）热敏电阻做温度补偿用。通常补偿网络是由热敏电阻R_t与温度无关的线性电阻R_1和R_2串、并联组成，如图7-22所示。

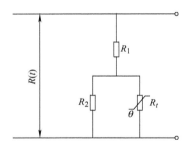

图7-22　热敏电阻温度补偿网络

3）电动机的过载保护控制（见图7-23）。正常运行时，晶体管VT截止，KA不动作。当电动机过载、断相或一相接地时，VT导通，KA得电吸合，从而实现保护作用。根据电动机各种绝缘等级的允许温升来调节偏流电阻R_2值，从而确定VT的动作点，其效果好于熔丝及双金属片热继电器。

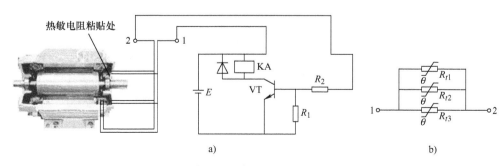

a)　　　　　　　　　　　　　　　　　　b)

图7-23　热敏电阻构成的电动机过载保护电路图

a）连接示意图　b）电动机定子上热敏电阻连接方式

4）晶体管的温度补偿。如图7-24所示，根据晶体管特性，当环境温度升高时，其集电极电流I_c上升，这等效于晶体管电阻下降，U_{sc}会增大。若要使U_{sc}维持不变，则需要提高基极电位提高，达到补偿目的。

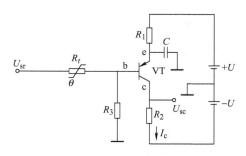

图7-24 热敏电阻用于晶体管的温度补偿电路

项目评价

调试完成后，按照表7-6进行评价。

表7-6 热电偶测温项目评价

评价项目	评价内容	评价标准	配 分	得 分
工艺	1. 元器件布局 2. 布线 3. 焊点质量	1. 布局合理 2. 布线工艺良好，横平竖直 3. 焊点光滑整洁	30分	
功能	1. 电源电路 2. 电压直接调试	1. 电源正常未损坏元器件 2. 电压接入调试使数码管显示数字	60分	
安全素养	1. 安全 2. 6S整理	1. 有无安全问题 2. 制作完成后，有无进行6S整理	10分	
小组成员			总分	

项目测试

1. 选择题

1）正常人的体温为37℃，则此时的华氏温度约为（   ），热力学温度约为（   ）。

  A．32F，100K   B．99F，236K

  C．99F，310K   D．37F，310K

2）（   ）的数值越大，热电偶的输出热电动势就越大。

  A．热端直径

  B．热端和冷端的温度

  C．热端和冷端的温差

  D．热电极的电导率

3）测量钢水的温度，最好选择（   ）型热电偶；测量钢退火炉的温度，最好选择

（　　　　）型热电偶；测量汽轮机高压蒸气（200℃左右）的温度，且希望灵敏度高一些，选择（　　　）型热电偶为宜。

  A．R   B．B

  C．S   D．K

  E．E

  4）测量CPU散热片的温度应选用（　　　　）型的热电偶；测量锅炉烟道中的烟气温度，应选用（　　　　）型的热电偶；测量100m深的岩石钻孔中的温度，应选用（　　　　）型的热电偶。

  A．普通   B．铠装   C．薄膜   D．热电堆

  5）在热电偶测温回路中经常使用补偿导线最主要的目的是（　　　　）。

  A．补偿热电偶冷端热电动势的损失

  B．起冷端温度补偿作用

  C．将热电偶冷端延长到远离高温区的地方

  D．提高灵敏度

2．分析与问答

  1）简述热电偶与热电阻的测量原理的异同。

  2）设一热电偶工作时产生的热电动势可表示为$e_{AB}(t, t_0)$，其中A、B、t、t_0各代表什么意义？t_0在实际应用时常应为多少？

  3）用热电偶测温时，为什么要进行冷端补偿？冷端补偿的方法有哪几种？

3．计算题

  用镍铬-镍硅热电偶测量加热炉温度。已知冷端温度t_0=30℃，测得热电动势$e_{AB}(t, t_0)$=33.29mV，求加热炉温度。

项目小结

  本项目的目的主要是掌握热电偶测温的原理、方法；了解热电偶测温系统的焊接与调试方法及掌握热电偶测温系统的基本配置和应用，培养和锻炼实际动手能力，使理论知识与实践充分地结合，成为不仅具有专业知识，而且还具有较强的实践动手能力、分析和解决问题的应用型技术人才。

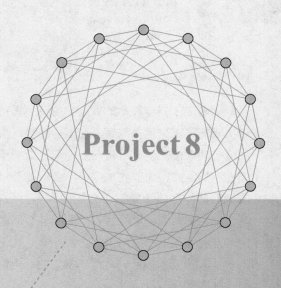

项目**8**

制作光电液位检测仪

项目目标

1）了解常用光电开关及其特点。

2）能够根据任务要求进行液位检测方案的设计。

3）能够按照方案进液位检测仪的制作和调试。

4）能够对项目实施进行评价。

项目描述

随着电子科学技术的发展，电子测量成为广大电子工作者必须掌握的技能，对测量的精度和功能的要求也越来越高。在工业控制系统以及湖泊等测绘工程中，准确及时地检测出液面的深度（即水位高度）就是前提；而目前担负着对液位测量、液面高度等任务的完成有诸多不尽如人意的地方，需要更加完善、合理的液滴、液位检测跟踪控制系统。从液位测量的方法看，按检测器与液体接触与否分为两大类：一是接触式测量；二是非接触式测量。前一种测量方法，因为被测液体可能具有的腐蚀性等原因，并不是最理想的方法；后一种方法由于经济、安全、方便等因素而应用很广。

本项目要求设计一款简单实用的光电液位检测仪，能够检测液体的高度并显示出液位高度值，如图8-1所示。

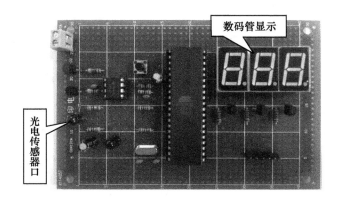

图8-1　光电液位检测计

项目分析

液位检测装置的控制系统包括AT89C52单片机，红外脉冲发射、接收装置，LED显示装置。启动开关后，发出红外脉冲，反射回来后被接收。通过内部计算换算成液位高度并显示出来，转换为电信号，通过电路显示出来。

要完成上述任务，需要进行如下工作：

1）根据任务分析设计整体制作方案。

2）根据项目需求选择合适的光电开关。

3）根据光电开关的参数设计发射接收电路。

4）根据接收电路的输出信号设计显示电路。

5）根据设计要求进行液位检测仪的制作。

6）进行调试与评估。

1. 整体方案设计

根据本项目的任务要求，通过查询国产和进口常用光电开关后，拟采用常见的红外发射二极管和红外接收管HS0038，红外发射二极管发出的红外光的波长和光敏晶体管的受光波长相同或相近。利用发射管和接收管间有没有障碍物（即液体）时接收管输出信号的不同来判断液面的高低，将光信号转换为电信号送单片机处理输出显示。其系统框图如图8-2所示。

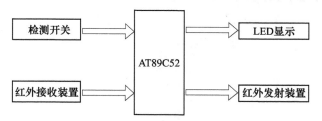

图8-2　液位检测仪系统框图

2. 电路设计与工作原理分析

图8-3所示为红外发射电路，图8-4所示为红外接收电路，当发射管和接收管之间没有障碍物时，光敏晶体管由于收到红外光信号而导通，电路输出电平为低电平；当发射管和接收管之间有障碍物挡住时，光敏晶体管由于收不到红外光信号而截止，电路输出电平为高电平。

电路输出端接单片机P3.2口，系统工作主要由定时器和中断来处理，当按下测量按钮时，也就是启动按钮，相当于给了系统一个外部中断。利用这个外部中断启动单片机内部定时器，与此同时，将控制红外脉冲发射端的引脚置为低电平，这样发射端就发出红外脉冲。红外脉冲遇到液面就会反射回来，反射回来的脉冲信号被接收装置接收，接收装置受到脉冲后，输出低电位，这个负脉冲会启动另外一个外部中断，内部定时器就停止计时。根据定时器的计时长短来换算成距离，再经过进一步的计算就可以运算出液位的高低（已知测量系统和液体底部的距离是一定的）。通过将运算出的结果转化成8位LED显示数码管需要的二进制数码，进而显示出来。图8-5所示为单片机LED显示电路图。

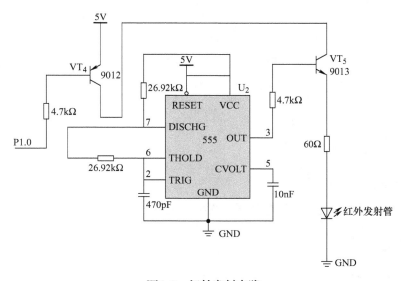

图8-3　红外发射电路

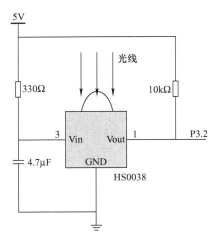

图8-4 红外接收电路

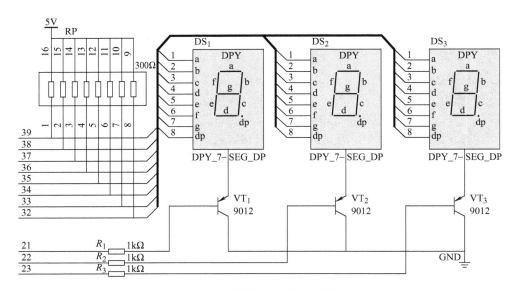

图8-5 单片机LED显示电路

项目实施

1. 准备工具与元器件

（1）工具清单

电烙铁1把、焊锡丝1卷、稳压电源1台、数字万用表1只、示波器1台、常用旋具1套、导线若干。

（2）元器件清单

元器件清单见表8-1。

表8-1　光电液位检测仪元器件清单

序号	元器件名称	代号	规格	数量	序号	元器件名称	代号	规格	数量
1	红外发射管	D_1	TGS-822	1个	10	电容器	C_3	4.7μF	1个
2	红外接收管	S_1	HS0038	1个	11	电容器	C_4	10nF	1个
3	芯片	U_1	AT89C52	1块	12	电容器	C_5	470pF	1个
4	芯片	U_2	555	1块	13	电阻器	R_1	10kΩ	1个
5	七段数码管	DS_1-DS_3	DPY	3个	14	电阻器	R_2、R_3	4.7kΩ	2个
6	晶体管	$VT_1\sim VT_4$	9012	4个	15	电阻器	R_4、R_5	26.92kΩ	2个
7	晶体振荡器	Y_1	12MHz	1个	16	电阻器	R_6、R_7	60Ω\330Ω	2个
8	晶体管	VT_5	9013	1个	17	电阻器	R_8、R_9、R_{10}	1kΩ	3个
9	电容器	C_1、C_2	22pF	2个	18	电阻器	$R_{11}\sim R_{18}$	300Ω	8个

2．安装与调试

（1）核心元器件

红外发射管外形如图8-6所示。红外接收管HS0038外形如图8-7所示。

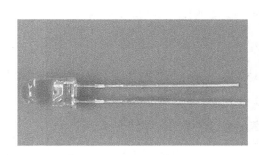

图8-6　红外发射管

图8-7　红外接收管

HS0038的主要参数：

● 接收角度：±45°

● 工作电压：2.7～5.5V（DC）

主要特点：宽角度及长距离接收，抗干扰能力强，能抵御环境光线干扰，低电压工作。

（2）元器件检测

为保证电路功能的正常实现，安装前必须要先进行元器件的清点和检测，将检测结果填入表8-2中。

表8-2 元器件检测

序号	元器件名称	代号	检测结果	序号	元器件名称	代号	检测结果
1	红外发射管	D_1		10	电容器	C_3	
2	红外接收管	S_1		11	电容器	C_4	
3	芯片	U_1		12	电容器	C_5	
4	芯片	U_2		13	电阻器	R_1	
5	七段数码管	$DS_1 \sim DS_3$		14	电阻器	R_2、R_3	
6	晶体管	$VT_1 \sim VT_4$		15	电阻器	R_4、R_5	
7	晶体振荡器	Y_1		16	电阻器	R_6、R_7	
8	晶体管	VT_5		17	电阻器	R_8、R_9、R_{10}	
9	电容器	C_1、C_2		18	电阻器	$R_{11} \sim R_{18}$	

（3）元器件成形加工

安装前对各元器件引脚进行成形处理，为保证引脚成形的质量和一致性，应使用专用工具和成形模具，按照工艺要求对元器件进行引脚成形。装插件遵循先低后高的原则进行。电阻、二极管及类似元器件要将引脚弯成与元器件成垂直状再进行装插，保证元器件与线路板平行。电容、红外发射接收管及类似元器件要求引脚垂直安装，确保元器件与线路板垂直。有极性的元器件装插时要注意极性问题，不能将极性装反。再将各元器件引脚准备焊接处进行刮削去污，去氧化层，然后在各引脚准备焊接处上锡。控制焊接时间，一般元器件在2～3s焊完，较大的焊点在3～4s焊完。当一次焊接不完时，要等一段时间元器件冷却后再进行二次焊接，避免由于温度过高造成的元器件损坏。焊点要求圆滑光亮，大小均匀呈圆锥形。不能出现虚焊、假焊、漏焊、错焊、连焊、包焊、堆焊、拉尖现象。合理控制焊锡量，避免出现引脚短路现象。

（4）光电液位检测仪的安装

按照附录D所示电路原理图正确安装电路。安装时各元器件均不能装错，特别要注意有极性的元器件不能装反。安装工艺要求见表8-3。

表8-3 元器件安装工艺要求

序　　号	元器件名称	代　　号	安装工艺要求
1	红外发射/接收管	D_1、S_1	垂直安装，注意正负极方向
2	芯片	U_1、U_2	垂直安装，注意分清引脚排列顺序
3	电阻	$R_1 \sim R_{18}$	水平贴板卧式安装，色环朝向一致
4	晶体管	$VT_1 \sim VT_5$	垂直安装，注意分清引脚排列顺序
5	电容器	$C_1 \sim C_5$	垂直安装，注意正负极方向
6	晶体振荡器	Y_1	垂直安装
7	七段数码管	$DS_1 \sim DS_3$	垂直安装

焊接组装成品如图8-8所示。

图8-8 液位检测计

（5）液位检测仪的调试

步骤一：调试仪器准备。

需准备直流稳压电源、数字万用表等。

步骤二：通电前检查。

用数字万用表通断档测量电源正负接入点之间电阻，应为高阻状态。如有短路现象，应立即排查。

步骤三：通电调试。

使用稳压电源，两路给电路接通5V电源。正常应该LED显示液位高度。如LED不亮，则检查接收电路输出信号P3.2的高低。

知识拓展

光电开关具有结构简单、精度高、响应速度快、非接触等优点，故广泛应用于各种检测技术中。光电元件是光电式传感器中最重要的部件，常见的有真空光敏器件和半导体光敏器件两大类。

光电式传感器的检测对象有可见光、不可见光，其中不可见光有紫外线、近红外线等。另外，光的不同波长对光电式传感器的影响也各不相同。因此要根据被检测光的性质，即光的波长和响应速度来选用相应的光电式传感器。

常见的光电开关有光敏电阻、光敏二极管、光敏晶体管、光电池等。

1. 光敏电阻

光敏电阻又称光导管，外形如图8-9所示，是一种均质半导体光敏器件。它具有灵敏度高、光谱响应范围宽、体积小、质量小、机械强度高、耐冲击、耐振动、抗过载能力强和寿命长等特点。

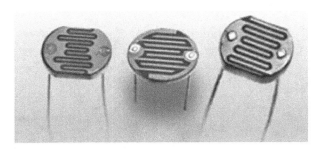

图8-9　光敏电阻外形

（1）工作原理和结构

光敏电阻的工作原理是内光电效应。在半导体光敏材料两端装上电极引线，将其封装在带透明窗的管壳内就构成光敏电阻，图8-10所示为光敏电阻的外形和图形符号。

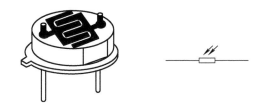

图8-10　光敏电阻外形及图形符号

构成光敏电阻的材料有金属的硫化物、硒化物、碲化物等半导体。当光照射到光敏材料上时，若这个光敏材料为本征半导体材料，而且光辐射能量又足够强，则光敏材料价带上的电子将激发到导带上去，从而使导带的电子和价带的空穴增加，致使光敏材料的电导率变大。为实现能级的跃迁，入射光的能量必须大于光敏材料的禁带宽度。光照越强，阻值越低。入射光消失后，电子-空穴对逐渐复合，电阻也逐渐恢复原值。

为了避免外来干扰，光敏电阻外壳的入射孔用一种能透过所要求光谱范围的透明保护窗（例如玻璃）。有时用专门的滤光片作为保护窗。为了避免灵敏度受潮湿的影响，而将光敏材料严密封装在壳体中。

（2）光敏电阻的基本特性和主要参数

1）暗电阻和暗电流。置于室温、全暗条件下测得的稳定电阻值称为暗电阻，此时流过电阻的电流称为暗电流。这些是光敏电阻的重要特性指标。

2）亮电阻和亮电流。置于室温、在一定光照条件下测得的稳定电阻值称为亮电阻，此时流过电阻的电流称为亮电流。

3）伏安特性。光照度不变时，光敏电阻两端所加电压与流过电阻的光电流的关系称为光敏电阻的伏安特性，如图8-11所示。从图中可知，不同光照强度有不同的伏安特性，表明电阻值随光照度发生变化。光照度不变的情况下，电压越高，光电流也越大，而且没有饱和现象。当然，与一般电阻一样，光敏电阻的工作电压与电流都不能超过规定的最高额定。

4）光电特性。在光敏电阻两极间电压固定不变时，光照度与亮电流间的关系称为光电特性，如图8-12所示，随着光照度的增强，光敏电阻的阻值减小，光电流随之增大。

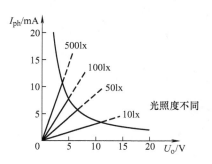

图8-11　光敏电阻的伏安特性

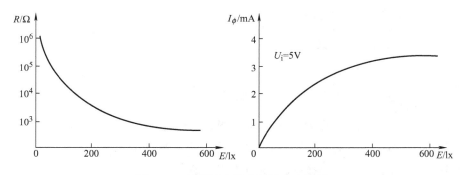

图8-12　某型号光敏电阻的光电特性

5）响应时间。光敏电阻受光照后，光电流并不立刻升到亮电流值，而要经历一段时间（上升时间）才能达到亮电流值。同样，光照停止后，光电流也需要经过一段时间（下降时间）才能恢复到其暗电流值，这段时间称为响应时间。光敏电阻的上升响应时间和下降响应时间为$10^{-3} \sim 10^{-1}$s，故光敏电阻不适用于要求快速响应的场合。

6）温度特性。光敏电阻和其他半导体器件一样，受温度影响较大。随着温度的上升，它的暗电阻和灵敏度都下降。

2. 光敏管

光敏管包括光敏二极管、光敏晶体管、光敏晶闸管，它们的工作原理是内光电效应。光敏晶体管的灵敏度比光敏二极管高，但频率特性较差。光敏二极管和光敏晶体管目前广泛应用于光纤通信、红外线遥控器、光耦合器、控制伺服电动机转速的检测、光电读出装置等场合。光敏晶闸管主要应用于光控开关电路。

（1）光敏二极管

光敏二极管的结构与普通半导体二极管一样，都有一个PN结、两根电极引线，而且都是非线性器件，具有单向导电性能，外形如图8-13所示。不同之处在于光敏二极管的PN结装在管壳的顶部，可以直接受到光的照射。

光敏二极管在电路中通常处于反向偏置状态，如图8-14所示。当没有光照射时，其反向电阻很大，反向电流很小，这种反向电流称为暗电流。当有光照射时，PN结及其附近产生电子空穴对，它们在反向电压作用下参与导电，形成比无光照射时大得多的反向电流，这种电流称为光电流。入射光的照度增强，光产生的电子-空穴对数量也随之增加，光电流也相应增大，光电流与光照度成正比。

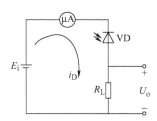

图8-13　光敏二极管　　　　图8-14　光敏二极管的反向偏置连接法

（2）光敏晶体管

光敏晶体管外形如图8-15所示。它有两个PN结，从而可以获得电流增益。它具有比光敏二极管更高的灵敏度，其结构、等效电路图形符号及应用电路分别如图8-16所示。光线通过透明窗口照射在集电结上，当电路按图8-16d连接时，集电结反偏，发射结正偏。与光敏二极管相似，入射光使集电结附近产生电子-空穴对，电子受集电结电场吸引流向集电区。基区留下的空穴形成"纯正电荷"，使基区电压提高，致使电子从发射区流向基区。由于基区很薄，所以只有一小部分从发射区来的电子与基区空穴结合，而大部分电子穿过基区流向集电区。这一过程与普通晶体管的放大作用相类似。集电极电流是原始光电电流的β倍。因此，光敏晶体管比光敏二极管的灵敏度高许多倍。

图8-15　光敏晶体管外形

项目8

制作光电液位检测仪

项目6

项目7

项目8

项目9

附录

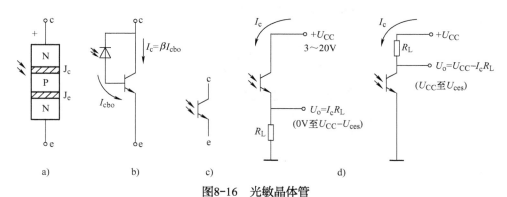

图8-16 光敏晶体管

a）结构图 b）等效电路 c）图形符号 d）应用电路

（3）光电池

其外形如图8-17所示。

图8-17 光电池外形

光电池的工作原理是光生伏特效应，当光照射到光电池上时，可以直接输出光电流。常用的光电池有两种，一种是金属-半导体型，另一种是PN结型，如硒光电池、硅光电池、锗光电池等。现以硅光电池为例说明光电池的结构及工作原理。

图8-18所示为光电池结构示意图与图形符号。通常是在N型衬底上渗入P型杂质形成一个大面积的PN结，作为光照敏感面。当入射光子的能量足够大，即光子能量h_γ大于硅的禁带宽度时，P型区每吸收一个光子就产生一对光生电子-空穴对。光生电子-空穴对的浓度从表面向内部迅速下降，形成由表及里扩散的自然趋势。由于PN结内电场的方向是由N区指向P区，它使扩散到PN结附近的电子-空穴对分离，光生电子被推向N区，光生空穴被留在P区，从而使N区带负电，P区带正电，形成光生电动势。若用导线连接P区和N区，电路中就有电流流过。

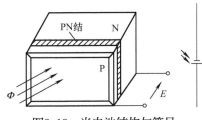

图8-18 光电池结构与符号

项目评价

调试完成后，按照表8-4进行评价。

表8-4 光电液位检测仪项目评价

评 价 项 目	评 价 内 容	评 价 标 准	配　　分	得　　分
工艺	1. 元器件布局 2. 布线 3. 焊点质量	1. 布局合理 2. 布线工艺良好，横平竖直 3. 焊点光滑整洁	30分	
功能	1. 电源电路 2. 电压直接调试 3. 灵敏度调节	1. 电源正常未损坏元器件 2. 电压接入调试使发光二极管依次点亮 3. 能够测出液位	60分	
安全素养	1. 安全 2. 6S整理	1. 有无安全问题 2. 制作完成后，有无进行6S整理	10分	
小组成员			总分	

项目测试

1. 选择题

1）红外发射管的图形符号为（　　　）

　　A.　　　　　　B.　　　　　　C.　　　　　　D.

2）电压（　　　）不可以供红外接收管HS0038工作。

　　A. 3V　　　　　　B. 4V　　　　　　C. 5V　　　　　　D. 9V

3）装插件遵循（　　　）的原则进行。

　　A. 先低到高　　　　　　　　　　B. 先高到低

　　C. 先简单到复杂　　　　　　　　D. 先复杂到简单

4）一般元器件在（　　　）s焊完。

A．1～2   B．2～3   C．3～4   D．4～5

2．填空题

1）红外接收管HS0038共有＿＿＿＿＿＿＿＿个引脚，其中＿＿＿＿＿＿＿＿号引脚用于信号输出，＿＿＿＿＿＿＿＿号引脚接地。

2）常见的光敏器件有＿＿＿＿＿＿＿＿光敏器件和＿＿＿＿＿＿＿＿光敏器件两大类。

3）光敏电阻又称＿＿＿＿＿＿＿＿，是一种均质＿＿＿＿＿＿＿＿光敏器件。

4）随着光照强度的增强，光敏电阻的阻值＿＿＿＿＿＿＿＿，光电流随之＿＿＿＿＿＿＿＿。

5）光敏晶体管包括＿＿＿＿＿＿＿＿、＿＿＿＿＿＿＿＿、＿＿＿＿＿＿＿＿。

6）光敏二极管在电路中通常处于＿＿＿＿＿＿＿＿偏置状态，当没有光照射时，其反向电阻＿＿＿＿＿＿＿＿，反向电流＿＿＿＿＿＿＿＿。

项目小结

　　光电开关可以把物体对光线的阻碍转换成电阻的变化，再通过电路转换成电流、电压信号。本项目中，液位高度的不同影响红外接收管的接收信号的不同，将液位高度大小转换成脉冲电压的不同，再通过单片机处理，在数码管上显示液位高度值。本项目涉及软件调试，在设计电路时要进行考虑。

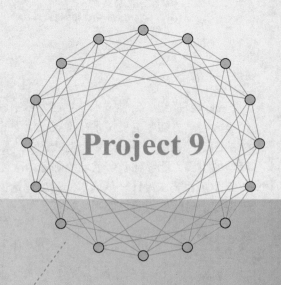

项目 9

Project 9

制作智能家居中的温度测量仪

项目目标

1）了解常用温度传感器的型号及特点。

2）能够根据任务要求进行温度测量仪的设计。

3）能够按照方案进行温度测量仪的制作和调试。

4）能够对项目实施进行评价。

项目描述

进入21世纪，科学技术与生产力水平进入加速发展阶段，随之而来的是人类物质文化生活的极大提高。随着电子技术在现实生活中的广泛应用，人们越来越感受到电子产品为生活所带来的便利。如图9-1所示为温度测量仪。人们对居住环境提出更高的要求，要求重视人与居住环境的协调，能够随心所欲地控制室内居住环境的温度。

本项目要求设计一款简单的温度测量仪能够对所处环境的温度进行测量并显示，当温度高于设定值时能够报警，如图9-2所示。

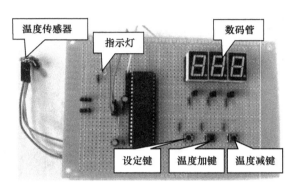

图9-1　温度测量仪　　　　　　　　　　图9-2　温度测量仪

项目分析

温度测量系统可以应用在大型工业及民用常温多种监测场合，如粮食仓储系统、楼宇自动化系统、医疗与健诊的温度测试、空调系统的温度检测等。

要完成上述任务，需要进行如下工作：

1）根据任务分析设计整体制作方案。

2）根据项目制作方案设计合理的电路。

3）根据电路原理图准备工具及元器件。

4）根据元器件的特征或参数，学会元器件的检测。

5）根据电路原理图进行温度测量仪的安装。

6）根据设计要求对安装完成的温度测量仪进行调试。

7）完成项目的评价与测试。

1. 整体方案设计

根据本项目的任务要求，通过几种温度传感器的比较，拟采用数字温度传感器DS18B20，它能直接检测温度，用户可以设定温度的上、下限，而且有独特的单线接口方式，在与微处理器连接时仅需要一条口线即可实现微处理器与DS18B20的双向通信，且系统的抗干扰性好、设计灵活、方便，而且能在恶劣的环境下进行现场温度检测；单片机采用STC12C5A60S2，在同样晶振的情况下，速度是普通51单片机的8～12倍；显示部分采用7段共阴数码管显示电路。系统框图如图9-3所示。

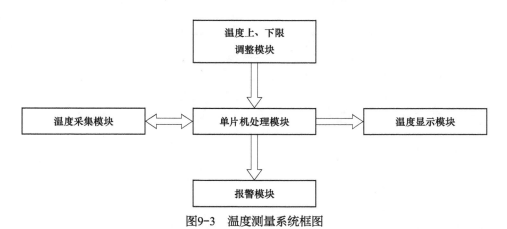

图9-3　温度测量系统框图

2. 电路设计与工作原理分析

（1）电源电路

此项目在制作时，可直接采用USB接口供电。为了方便在线调试单片机的程序，电路套件中配有专门的下载器STC Auto Programmer USB-TTL，下载器如图9-4所示。STC烧写程序时，只需4个引脚：5V接VCC、TXD接P3.0、RXD接P3.1、GND接GND。

图9-4　下载器外形图

（2）单片机与温度传感器连接电路

原理图见附录E，温度传感器DS18B20从所处环境实时采集温度，在内部将温度信号转换成数字信号，单片机STC12C5A60S2获取采集的温度数字信号，然后将其转化成数码管所显示的数值，单片机电路如图9-5所示。

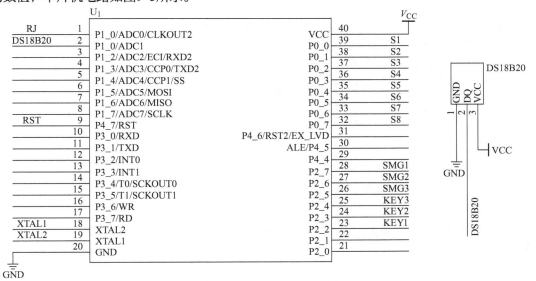

图9-5　单片机电路

（3）数码管显示电路

数码管使用晶体管驱动，各段由单片机I/O口直接给数值，每一位通过晶体管驱动，如图9-6所示。

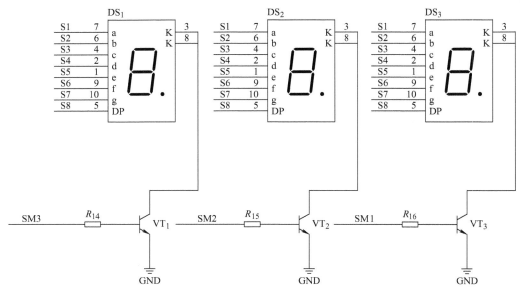

图9-6　数码管显示电路

（4）按键电路

3个按键是用来设定报警温度和加减的，如图9-7所示。

（5）报警电路

当采集的温度经处理后超过设定温度值时，单片机就会输出相应信号，二极管亮就表示报警，如图9-8所示。

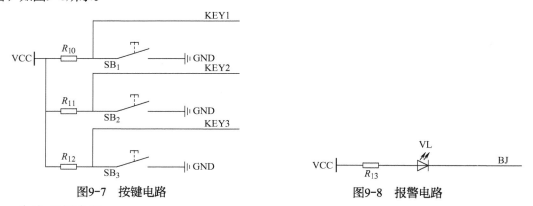

图9-7　按键电路

图9-8　报警电路

（6）晶振电路

单片机XIAL1和XIAL2引脚分别接22pF的电容，中间再并个11MHz的晶振，形成单片机的晶振电路，如图9-9所示。

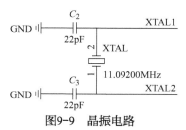

图9-9　晶振电路

项目实施

1. 准备工具与元器件

（1）工具清单

电烙铁1把、焊锡丝1卷、稳压电源1台、数字万用表1只、示波器1台、导线若干。

（2）元器件清单

元器件清单见表9-1。

表9-1　温度测量仪元器件清单

序　　号	元器件名称	代　　号	规　　格	数　　量
1	传感器	DS18B20	5V TO—92B	1个
2	单片机	STC12C5A60S2	C51 5V DIP40	1块
3	发光二极管	VL	5V	1个
4	数码管	$DS_1 \sim DS_3$	5V 共阴极	1个
5	晶体管	$VT_1 \sim VT_3$	5V 8050 PNP	3个
6	电阻	$R_1 \sim R_9$、$R_{13} \sim R_{16}$	1kΩ	13个
7	电阻	$R_{10} \sim R_{12}$	10kΩ	3个
8	电容	C_1	0.1μF	1个
9	电容	C_2、C_3	22pF	2个
10	电容	C_4、C_5	10μF	2个
11	晶振	XTAL	11.059200MHz	1个
12	按键	$SB_1 \sim SB_3$	4DIP K5*6	3个
13	万能焊接板			1块

2. 安装与调试

（1）核心元器件选用

本项目选用的核心传感元件是智能数字温度传感器DS18B20，外形如图9-10所示。美国Dallas半导体公司的数字化温度传感器DS1820是世界上第一片支持"一线总线"接口的温度传感器，在其内部使用了在板（ON-BOARD）专利技术。全部传感元件及转换电路集成在形如一只晶体管的集成电路内。一线总线独特而且经济的特点，使用户可轻松地组建传感器网络，为测量系统的构建引入全新概念。现在，新一代的DS18B20体积更小、更经济、更灵活。

在传统的模拟信号远距离温度测量系统中，需要很好地解决引线误差补偿问题、多点测量切换误差问题和放大电路零点漂移误差问题等技术问题，才能够达到较高的测量精度。另外一般监控现场的电磁环境都非常恶劣，各种干扰信号较强，模拟温度信号容易受到干扰而产生测量误差，影响测量精度。因此，在温度测量系统中，采用抗干扰能力强的新型数字温度传感器是解决这些问题的最有效方案，新型数字温度传感器DS18B20具有体积

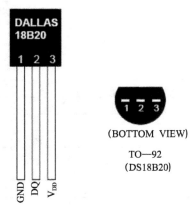

图9-10　DS18B20外形

更小、精度更高、适用电压更宽、采用一线总线、可组网等优点，在实际应用中取得了良好的测温效果。

智能数字温度传感器DS18B20的主要性能指标如下：

1）电压范围：3.0～5.5V，在寄生电源方式下可由数据线供电。

2）独特的单线接口方式，DS18B20在与微处理器连接时仅需要一条口线即可实现微处理器与DS18B20的双向通信。

3）DS18B20支持多点组网功能，多个DS18B20可以并联在唯一的三线上，实现组网多点测温。

4）精度：在-10～85℃时为±0.5℃。

5）可编程的分辨率为9～12位，对应的可分辨温度分别为0.5℃、0.25℃、0.125℃和0.0625℃，可实现高精度测温。

6）负电压特性：电源极性接反时，芯片不会因发热而烧毁，但不能正常工作。

（2）元器件检测

1）根据元器件清单，进行元器件的清点和分类，如图9-11所示。

2）识别集成电路STC12C5A60S2和温度传感器DS18B20引脚。

3）识别发光二极管、电容和数码管引脚。

4）使用万用表对电阻器进行检测，并记录阻值。

将检测结果填入表9-2中。

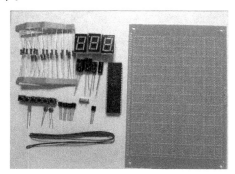

图9-11　元器件图

表9-2　元器件检测

序　号	元器件名称	代　号	检 测 结 果
1	传感器	DS18B20	
2	单片机	STC12C5A60S2	
3	发光二极管	VL	
4	数码管	$DS_1 \sim DS_3$	
5	晶体管	$VT_1 \sim VT_3$	
6	电阻	$R_1 \sim R_9$、$R_{13} \sim R_{16}$	
7	电阻	$R_{10} \sim R_{12}$	
8	电容	C_1	
9	电容	C_2、C_3	
10	电容	C_4、C_5	
11	晶振	XTAL	
12	按键	$SB_1 \sim SB_3$	

项目9
制作智能家居中的温度测量仪

项目6

项目7

项目8

项目9

附录

（3）元器件成形加工

安装前对各元器件引脚进行成形处理，为保证引脚成形的质量和一致性，应使用专用工具和成形模具，按照工艺要求对元器件进行引脚成形。再将各个元器件引脚准备焊接处进行刮削去污，去氧化层，然后在各引脚准备焊接处上锡。

（4）温度测量系统的安装

将经过成形、处理过的元器件按附录E原理图进行焊接布局，安装时各元器件均不能装错，布局如图9-12所示，特别要注意有极性的元器件不能装反，如发光二极管和电容等。安装工艺要求见表9-3。

图9-12 元器件布局图

表9-3 元器件安装工艺要求

序　号	元器件名称	代　号	安装工艺要求
1	传感器	DS18B20	垂直安装，注意分清引脚排列顺序
2	单片机	STC12C5A60S2	垂直安装，注意分清引脚排列顺序
3	电阻	所有	水平贴板卧式安装，色环朝向一致
4	电容	所有	垂直安装，注意分清引脚排列顺序
5	发光二极管	VL	垂直安装，注意正负极方向
6	LED数码管	$DS_1 \sim DS_3$	垂直安装，注意引脚的排列顺序
7	按键	$SB_1 \sim SB_3$	垂直安装

焊接组装成品如图9-13所示。

图9-13 温度测量仪

（5）温度检测系统的调试

步骤一：调试仪器准备。

需准备直流稳压电源、数字万用表等。

步骤二：通电前检查。

1）检查晶体管管脚是否装错，发光二极管正负极性是否装反。

2）检查集成电路引脚连接是否正确。

3）检查温度传感器引脚连接是否正确。

4）检查电路连线是否正确，各焊点是否焊牢，元器件是否相互碰触。

5）用数字万用表通断档测量电源正负接入点之间的电阻，应为高阻状态。如有短路现象，则应立即排查。

步骤三：通电调试。

1）测量温度正常时电路中各点的电压及波形。使用稳压电源给电路接通5V电源，用数字万用表测量附录E中单片机40引脚的对地电压、报警指示灯与单片机连接点（1引脚）的电压、单片机晶振两端（18引脚、19引脚）的波形和晶体管VT$_1$～VT$_3$（26、27、28引脚）的输出波形，记录在表9-4中，并分析报警指示灯当前工作状态。

表9-4　正常温度下电压值

测量点	40引脚对地电压	指示灯与1引脚	18与19引脚
U/V			
测量点	26引脚	27引脚	28引脚
波形			

2）测量温度超过设定值时电路中各点的电压及波形。使用稳压电源，给电路接通5V电源，用手捏住温度传感器的表面，此时温度传感器上的温度开始增加，观察数码管和报警指示灯的变化。正常应该是数码管的数值随着手捏住温度传感器的两端开始变化，当温度超过设定时报警指示灯会亮，并一直持续。用数字万用表测量附录E中单片机40引脚点对地电压、报警指示灯与单片机连接点（1引脚）的电压、单片机晶振两端（18引脚、19引脚）的波形和晶体管VT$_1$～VT$_3$（26、27、28引脚）的输出波形，记录在表9-5中，并分析报警指示灯当前工作状态。

表9-5　超过设定值时电压值

测量点	40引脚对地电压	指示灯与1引脚	18与19引脚
U/V			
测量点	26引脚	27引脚	28引脚
波形			

（6）常见故障及排除方法

1）数码管：电路通电后，如果数码管不亮，则先用万用表测量电源电压，查看电压是否正常；若正常，则测量单片机40引脚与20引脚之间的电压是否为5V，查看单片机工作电压是否正常。如果都正常，则用万用表测量数码管9脚所接电源是否正常。

2）传感器：如果接通电源后，数码管被点亮，但显示数值错误或乱码，则首先应断电根据电路图检查温度传感器电路连接是否正确。如果检查无误，则给电路通电，用万用表测量温度传感器电源连接是否正常。如果检查正常，则断电根据电路图检查数码管与单片机连接电路是否正确。如果确认数码管电路没有问题，则应联系老师，更换温度传感器。

3）按键电路：按下SB₁按键后查看温度上，按下SB₂、SB₃查看温度上下限是否能进行加减。如果不能实现，断电检查电路连接是否正常。

4）报警电路：通过按键对温度上下限进行调整，当温度高于设定温度的上限时，报警LED指示灯会报警闪烁。如果温度达到上限。如果报警灯没有工作，断开电路电源，检查LED报警电路连接是否正常。

知识拓展

1. 选择温度传感器应注意的问题

选择温度传感器比选择其他类型的传感器所需要考虑的内容更多。首先，必须选择传感器的结构，使敏感元件的规定的测量时间之内达到所测流体或被测表面的温度。温度传感器的输出仅仅是敏感元件的温度。实际上，要确保传感器指示的温度即为所测对象的温度，常常是很困难的。在大多数情况下，对温度传感器的选用，需考虑以下几个方面的问题：

1）被测对象的温度是否需记录、报警和自动控制，是否需要远距离测量和传送。

2）测温范围的大小和精度要求。

3）测温元件大小是否适当。

4）在被测对象温度随时间变化的场合，测温元件的滞后能否适应测温要求。

5）被测对象的环境条件对测温元件是否有损害。

6）价格合适，使用是否方便。

2. DS18B20温度传感器简介

DS18B20是美国DALLAS半导体公司最新推出的一种单线智能温度传感器，属于新一代适配微处理器的智能温度传感器，它可将温度信号直接转换为数字信号，实现了与单片机的直接接口，从而省去了信号调理和A-D转换等复杂A-D转换电路。DS18B20构成的温度采集模块电路简单、功能可靠、测量效率高，很好地弥补了传统温度测量方法的不足可广泛用于工业、民用、军事等领域的温度测量及控制仪器、测控系统和大型设备中。它具有集成度高、模拟输入数字输出、抗干扰能力强、体积小、接口方便、传输距离远测温误差小等特点。DS18B20有PR-35和SOSI两种封装方式，如图9-14和图9-15所示，本次设计采有PR—35式封装。

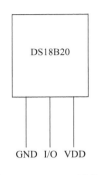
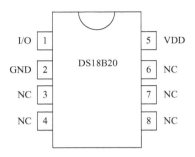

图9-14   PR—35封装   图 9-15   SOSI封装

（1）智能温度传感器DS18B20的性能特点

1）独特的单总线接口仅需要一个端口引脚进行通信，可以是串行口也可以是其他I/O口，无须变换，直接输出被测温度值（9位二进制，含符号位）。多个DS18B20可以并联挂接在一条总线上，实现多点温度采集检测功能。

2）可测温度范围为–55～125℃，测量分辨率为0.0625℃。

3）内含64位经过激光修正的只读存储器（ROM）。

4）内含寄生电源，可直接通过数据总线供电，电压范围为3.0～5.5V。

5）零待机功耗。

6）用户可通过编程分别设定各路的温度上、下限温度值来实现报警功能。

7）适配各种微处理器。

8）报警搜索命令识别并标志超过程序限定温度（温度报警条件）的器件。

9）负电压特性，电源极性接反时，温度计不会因发热而烧毁，但不能正常工作。

10）可检测距离远，最远测量距离为150m。

（2）DS18B20的内部结构

DS18B20的内部结构如图9-16所示。DS18B20内部结构主要由四部分组成：64位光刻ROM、温度报警触发器、温度传感器以及高速缓存器。

1）64位光刻ROM。64位光刻ROM是出厂前已被刻好的，它可以看作是该DS18B20的地址序列号，不同的器件不一样，64位的地址序列号的构成见表9-6。开始8位是产品序列号代表产品的序列，接着48位产品序号代表同一系列产品的不同产品，最后8位是前56位的CRC校验码，所以不同的器件的地址序列号各不一样这也是多个DS18B20可以采用一线进行通信的原因（8位CRC编码的计算公式为CRC=X^8+X^2+X+1）。在64位 ROM的最高有效字节中存储有循环冗余校验码（CRC）。主机根据ROM的前56位来计算CRC值，并和存入DS18B20中的CRC值做比较，以判断主机收到的ROM数据是否正确。

表9-6   64位ROM地址序列号结构

48位产品序列号	8位产品序号	8位CRC编码检验

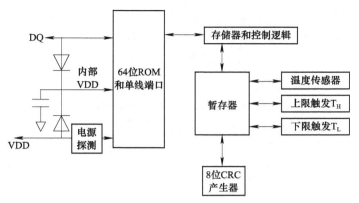

图9-16　DS18B20内部结构

2）非挥发的温度报警触发器（包括上限温度触发器T_H和下限温度触发器T_L）。可通过软件程序写入设定用户所要求的报警上下限温度值。

3）高速暂存器。DS18B20温度传感器的内部存储器还包括一个高速暂存RAM和一个非易失性的可电擦除的E^2PRAM。高速暂存RAM的结构为8字节的存储器。

（3）DS18B20的供电方式

如图9-17所示，DS18B20的供电方式有两种，图9-17a是由外电源供电方式，在外部电源供电方式下，DS18B20工作电源由VCC脚接入，此时I/O线不需要强上拉，不存在电源电流不足的问题，可以保证转换精度，同时在总线上理论可以挂接任意多个DS18B20传感器，组成多点测温系统。注意：在外部供电的方式下，DS18B20的GND引脚不能悬空，否则不能转换温度，读取的温度总是85℃。

图9-17b是寄生电源强上拉供电方式，为了使DS18B20在动态转换周期中获得足够的电流供应，当进行温度转换或复制到E^2PRAM操作时，用MOSFET把I/O线直接拉到VCC就可提供足够的电流，在发出任何涉及复制到E^2PRAM或启动温度转换的指令后，必须在最多10μs内把I/O线转换到强上拉状态。在强上拉方式下可以解决电流供应不走的问题，因此也适合于多点测温应用，缺点就是要多占用一根I/O口线进行强上拉切换。

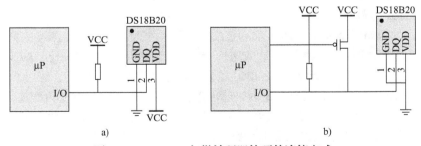

图9-17　DS18B20与微处理器的硬件连接方式

a）使用外部电源供电图　b）使用寄生电源供电

DS18B20温度转换时间见表9-7，分辨率越高，所需要的温度数据转换时间越长。因此，在实际应用中要将分辨率和转换时间权衡考虑。

当DS18B20接收到温度转换命令后，开始启动转换。转换完成后的温度值就以16位带符号扩展的二进制补码形式存储在高速暂存存储器的第1、2字节。单片机可以通过单线接口读出该数据，读数据时低位在先，高位在后，数据格式以0.0625℃/LSB形式表示。当符号位S=0时，表示测得的温度值为正值，可以直接将二进制位转换为十进制；当符号位S=1时，表示测得的温度值为负值，要先将补码变成原码，再计算十进制数值。部分温度值对应的二进制和十六进制数据见表9-8。

表9-7　DS18B20温度转换时间

R1	R0	分辨率/位	温度最大转向时间/ms
0	0	9	93.75
0	1	10	187.5
1	0	11	375
1	1	12	750

表9-8　部分温度对应值

温度/℃	数字输出（二进制）	数字输出（十六进制）
125	0000 0000 1111 1010	00FAH
25	0000 0000 0011 0010	0032H
0.5	0000 0000 0000 0001	0001H
0	0000 0000 0000 0000	0000H
−0.5	1111 1111 1111 1111	FFFFH
−25	1111 1111 1100 1110	FFCEH
−55	1111 1111 1001 0010	FF92H

（4）DS18B20的测温原理

每一片DS18B20在其ROM中都存有其唯一的64地址位序列号，在出厂前已写入片内ROM中。主机在进入操作程序前必须用读ROM（33H）命令将该DS18B20的序列号读出。

程序可以先跳过ROM，启动所有DS18B20进行温度变换，之后通过匹配ROM，再逐一地读回每个DS18B20的温度数据。

DS18B20的测温原理如图9-18所示。低温度系数晶振的振荡频率受温度的影响很小，用于产生固定频率的脉冲信号送给减法计数器1，高温度系数晶振随温度变化其振荡频率明显改变，所产生的信号作为减法计数器2的脉冲输入，图中还隐含着计数门，当计数门打开时，DS18B20就对低温度系数振荡器产生的时钟脉冲进行计数，进而完成温度测量。计数门的开启时间由高温度系数振荡器来决定，每次测量前，首先将−55℃所对应的基数分别置入减法计数器1和温度寄存器中，减法计数器1和温度寄存器被预置在−55℃所对应的一个基数值。减法计数器1对低温度系数晶振产生的脉冲信号进行减法计数，当减法计数器1的预置值减到0时温度寄存器的值将加1，减法计数器1的预置值将重新被装入，减法计数器1重新开始对低温度系数晶振产生的脉冲信号进行计数，如此循环，直到减法计数器2计数到0时，停止温度寄存器值的累加，此时温度寄存器中的数值即为所测温度。斜率累加器用于补偿和修正测温过程中的非线性，提高测量准确制度。其输出用于修正减法计数器的预置值，只要计数门仍未关闭就重复上述过程，直至温度寄存器值达到被测温度值。

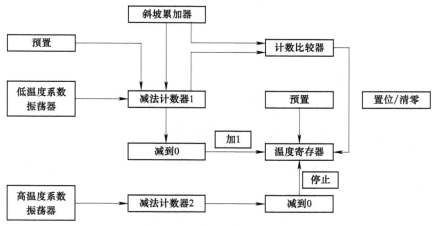

图9-18　DS18B20的测温原理图

（5）DS18B20的控制命令

1）暂存器命令。访问DS18B20的暂存器共有6条命令，见表9-9。

表9-9　DS18B20暂存器命令

指　　令	约 定 代 码	操 作 说 明
温度变换	44H	启动DS18B20进行温度转换，转换时间最长为500ms，结果存入内部9字节RAM中
读暂存器	0BEH	读内部RAM中9字节的内容
写暂存器	4EH	发出向内部RAM的第3、4字节写上、下限温度数据命令，紧跟读命令之后，是传送两字节的数据
复制暂存器	48H	将E^2PRAM中第3、4字节内容复制到E^2PRAM中
重调E^2PRAM	0BBH	将E^2PRAM中内容恢复到RAM中的第3、4字节
读供电方式	0B4H	读DS18B20的供电模式，寄生供电时DS18B20发送"0"，外接电源供电DS18B20发送"1"

2）ROM操作命令。对ROM的5种操作命令见表9-10。

表9-10　ROM操作命令

指　　令	约 定 代 码	操 作 说 明
读ROM	33H	读DS18B20 ROM中的编码
符合ROM	55H	发出此命令之后，接着发出64位ROM编码，访问单线总线上与该编码相对应的DS18B20使之做出响应，为下一步对该DS18B20的读写做准备
寻找ROM	0F0H	用于确定挂接在同一总线上DS18B20的个数和识别64位ROM地址，为操作各器件做好准备
跳过ROM	0CCH	忽略64位ROM地址，直接向DS18B20发送温度变换命令，适用于单片工作
报警搜索命令	0ECH	执行后，只有温度超过设定值上限或者下限的片子才做出响应

（6）DS18B20访问流程

CPU对DS18B20访问的工作流程是：先对DS18B20进行初始化，再发ROM操作命令，最后才能对存储器及数据进行操作。DS18B20每一步操作都在严格的工作时序和通信协议下进行的。例如，主机控制DS18B20完成温度转换这一过程，根据DS18B20的通信协议，须经过3个步骤：第1步是复位，第2步是发送ROM命令，第3步是发送RAM命令。值得注意的是，每一次读写之前都要对它进行复位。下面详细说明DS18B20的操作过程。

1）DS18B20的初始化。DS18B20的所有操作均从初始化开始，初始化的过程是首先由CPU发出一个复位脉冲，复位脉冲的时间为480～960μs，然后由从属器件发出应答脉冲。初始化是主CPU发出一个复位信号，将数据总线上的所有DS18B20复位，然后释放总线，该总线为接收状态。由于接有上拉电阻，在释放总线是有15～60μs的时间间隙，在此之后的60～240μs时间内，如果CPU检测到总线为低电平的话，则说明DS18B20初始化完成。DS18B20初始化时序波形如图9-19所示。

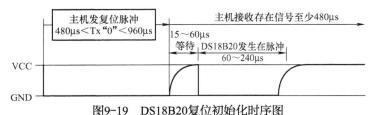

图9-19　DS18B20复位初始化时序图

2）发送ROM命令。ROM的操作命令为8位二进制数，CPU对ROM的操作有读ROM命令、符合ROM命令、搜索ROM命令、跳过ROM命令、报警搜索命令共5种。其中符合ROM命令是用来识别连在总线的DS18B20芯片，其过程是主CPU发出符合ROM命令（代码为55H）后，接着送出64位的ROM数据序列，从而使主CPU实现对单总线上的特定DS18B20进行寻址，只有与64位序列严格相符的DS18B20才能对后续的操作发出响应，符合ROM命令只对同时挂在总线上的多片DS18B20适用。读写ROM的操作时序如图9-20所示。

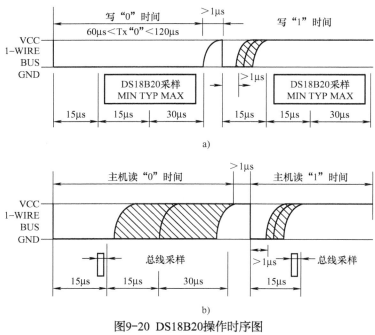

图9-20　DS18B20操作时序图

a）写时序　b）读时序

3）发送RAM命令。RAM命令是暂存器操作命令，共有6条，在前面已经列出，其功能是实现温度的转换、读/写、复制暂存器的内容等功能。在具体的设计过程中，访问DS18B20也是通过程序设计来实现的。具体程序可以按照上面的工作时序图和命令的相应格式进行程序设计。

另外，由于DS18B20单线通信功能是分时完成的，它有严格的时隙概念，因此读写时序很重要。系统对DS18B20的各种操作必须按协议进行。操作协议的流程为：初始化DS18B20（发复位脉冲）→发ROM功能命令→发存储器操作命令→处理数据。

（7）DS18B20的测温流程

DS18B20的测温流程如图9-21所示。

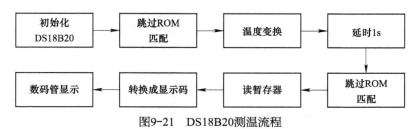

图9-21　DS18B20测温流程

项目评价

调试完成后，按照表9-11进行评价。

表9-11　温度监测系统项目评价

评 价 项 目	评 价 内 容	评 价 标 准	配　　分	得　　分
工艺	1. 元器件布局 2. 布线 3. 焊点质量	1. 布局合理 2. 布线工艺良好，横平竖直 3. 焊点光滑整洁	30分	
功能	1. 电源电路 2. 电压直接调试 3. 灵敏度调节	1. 电源正常未损坏元器件 2. 电压接入通过按键调节温度，当达到预设值时，电路是否报警 3. 测量仪能否随外界环境变化改变温度	60分	
安全素养	1. 安全 2. 6S整理	1. 有无安全问题 2. 制作完成后，有无进行6S整理	10分	
小组成员			总分	

项目测试

1. 选择题

1）温度传感器的工作电压范围是（　　　）。

　　A．3～5.5V　　　　　B．5～6.6V　　　　　C．7～9.0V　　　　　D．15～18V

2）DS18B20在与微处理器连接时仅需要（　　　　）即可实现微处理器与DS18B20的双向通信。

    A．一条口线　　　　　B．0条口线　　　　　C．两条口线　　　　　D．三条口线

3）DS18B20温度传感器的供电方式有（　　　）。

    A．四种　　　　　　　B．两种　　　　　　　C．三种　　　　　　　D．一种

4）温度传感器采用寄生电源供电方式时，VDD要接（　　　）。

    A．GND　　　　　　　B．5V　　　　　　　　C．1V　　　　　　　　D．3V

2. 填空题

1）DS18B20传感器具有_____小、_____强和_____高的特点。

2）DS18B20内部结构主要由_____、_____、_____及_____4部分组成。

3）将分辨力除以仪表的_____就是仪表的分辨率。

4）灵敏度越高，分辨力与分辨率越_____，但测量范围往往越_____，稳定性也越_____。

3. 简答题

1）传感器的常见特性参数有哪些？

2）传感器的选用方法有哪几种？

4. 思考题

1）温度测量系统中晶体管的作用是什么？

2）温度测量系统中7段数码管各管脚分别代表哪几部分？

项目小结

1）DS18B20是单线数字温度传感器，即"一线器件"，它体积更小、适用电压更宽、更经济、可选更小的封装方式，适合于构建经济的测温系统，因此也就被设计者们所青睐。

2）本设计使用的温度测量仪结构简单、测温准确，具有一定的实际应用价值。该智能温度控制器只是DS18B20在温度控制领域的一个简单实例，还有许多需要完善的地方，例如，可以将测得的温度通过单片机与通信模块相连接，以手机短消息的方式发送给用户，使用户能够随时对温度进行监控。此外，还能广泛地应用于其他一些工业生产领域，如建筑、仓储等行业。本温度控制系统可以应用于多种场合，如花房的多点温度、育婴房的温度、水温的检测与控制。用户可灵活选择本设计的用途，有很强的实用价值。

附录A　转速测量仪的电路原理图

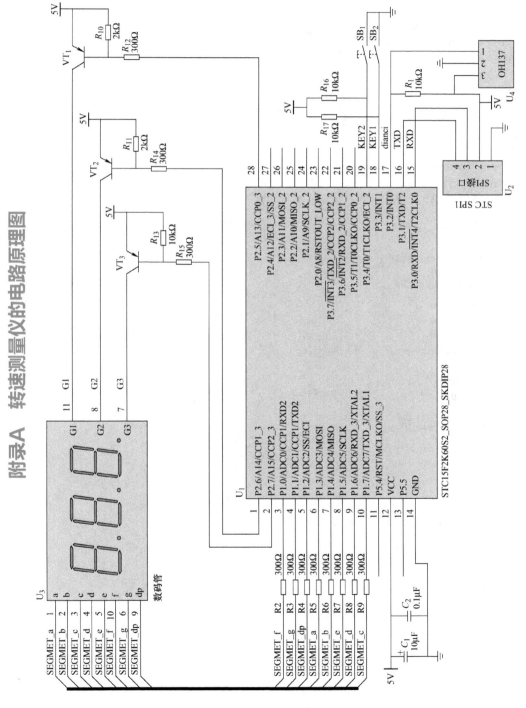

附录B　转速测量仪转速计算程序

```
////////主程序
#include "main.h"
#include "MGdisplay.h"
#include "delay.h"
#include "it.h"

int speed_num;
int display_num;

unsigned int numdistime;
int t0time;
bit speedcontrl=0;
bit speedDM=0;
int sp1,sp2,sp3,sp4;

void main()
{
        unsigned int Dtime;
        Dtime = 10;
        numdistime=0;
        speed_num=0;
        display_num=0;
        t0time=0;
        sp1=sp2=sp3=sp4=0;
        UartIni();
        DISPLAY_Timer2Init();
        DISint();
        INT_0();
        SPEED_Timer0Init();

        sp_can=1;
        sp_rst=1;
        sp_sat=1;

        PrintCom("Speed measurement\r\n");

        while(1)
        {
        if(!sp_sat)
        {
                DelayXms(Dtime);
                if(!sp_sat)
                {
                        speedcontrl=1;
                }

        }
        if(!sp_rst)
```

```
            {
                    DelayXms(Dtime);
                    if(!sp_rst)
                    {
                        speedcontrl=0;
                        display_num=0;
                    }
            }
//////////////////////////////////////////////////
            if(speedDM)
            {
                    speedDM=0;
                    sp4=sp3;
                    sp3=sp2;
                    sp2=sp1;
                    sp1=speed_num;
                    display_num=sp1+sp2+sp3+sp4;
                    speed_num=0;
            }
//////////////////////////////////////////////////

            }
}

////////显示子程序
#include "MGdisplay.h"

code char NUM[]={0xA0,0xBB,0xC2,0x8A,0x99,0x8C,0x84,0xBA,0x80,0x88};

void DISplayNUM(int i)
{
   mgdata=NUM[i];
}
void DISint(void)
{
   segmet_1=MGoff;
   segmet_2=MGoff;
   segmet_3=MGoff;
}

//////延时子程序:
#include "delay.h"


void Delay1ms()                //@22.1184MHz
{
   unsigned char i, j;
   i = 22;
   j = 128;
   do
```

```
    {
            while (––j);
    } while (––i);
}

void DelayXms(unsigned int i)
{
   for(;i>0;i––)
   {
            Delay1ms();
   }
}

////////////////中断子程序
#include "it.h"
#include "MGdisplay.h"

extern int speed_num;
extern int display_num;
extern unsigned int numdistime;
extern int t0time;
extern bit speedcontrl;
extern bit speedDM;




/////////////////////////////////////////////////////////////
//display c
//20151226
/////////////////////////////////////////////////////////////
void DISPLAY_Timer2Init(void)          //1ms@22.1184MHz
{
   AUXR |= 0x04;                             //定时器时钟1T模式
   T2L = 0x9A;                               //设置定时初值
   T2H = 0xA9;                               //设置定时初值
   AUXR |= 0x10;                             //定时器2开始计时

   IE2 |= 0x04;                              //开定时器2中断
   EA = 1;
}
//中断服务程序
void DISPLAY_tm2_isr() interrupt 12
{
   int MGdis;
   numdistime++;
   MGdis=numdistime/5;
   switch(MGdis)
                {
            case 0:  DISplayNUM(display_num/100);segmet_1=MGon;segmet_2=
segmet_3=MGoff;
```

```
                                 break;
                                 case 1:  DISplayNUM(display_num%100/10);segmet_2=MGon;segmet_1=
segmet_3=MGoff;
                                 break;
                                 case 2:  DISplayNUM(display_num%10);segmet_3=MGon;segmet_1=
segmet_2=MGoff;
                                 break;
                                 case 3:  numdistime=0;
                                 break;
                                 default: break;
            }
//  IE2 &= ~0x40;                       //若需要手动清除中断标志,则可先关闭中断,此时系统会自动清除内部//
的中断标志
//  IE2 |= 0x40;                        //然后再开中断即可
}
///////////////////////////////////////////////////////////
//int0 int
//
///////////////////////////////////////////////////////////
void INT_0(void)
{
    EX0=1; //开外中断
    IT0=0; //外中断低电平产生中断
    EA=1; //打开总中断
}

void INT0() interrupt 0
{
    EX0 = 0;
    if(speedcontrl){
            if(0==sp_can)
                {
                    speed_num++;
                }
                }
    EX0 = 1;
}


///////////////////////////////////////////////////////////
//interupt t0
///////////////////////////////////////////////////////////
void SPEED_Timer0Init(void)                   //1ms@22.1184MHz
{
    AUXR |= 0x80;           //定时器时钟1T模式
    TMOD &= 0xF0;                   //设置定时器模式
    TL0 = 0x9A;             //设置定时初值


    TH0 = 0xA9;        //设置定时初值
    TF0 = 0;                        //清除TF0标志
```

```
    TR0 = 1;                        //定时器0开始计时

    ET0 = 1;            //使能定时器0中断
    EA = 1;
}


/* Timer0 interrupt routine */
void SPEED_tm0_isr() interrupt 1 using 1
{
    t0time++;
    if(t0time==250)
    {
            t0time=0;
            speedDM=1;
        }
}
```

附录C 电子水平度测试仪主程序

```
#include <reg52.h>
#include "LCD12864.h"
#include "math.h"
#include "stdio.h"
#define    SlaveAddress  0xA6 //定义器件在IIC总线中的从地址,根据ALT ADDRESS地址引脚// 不同修改
//ALT ADDRESS引脚接地时地址为0xA6，接电源时地址为0x3A

sbit       SCL=P3^6;    //IIC时钟引脚定义
sbit       SDA=P3^7;    //IIC数据引脚定义
unsigned char BUF[8];                //接收数据缓存区
unsigned char ge,shi,bai,qian,wan;        //显示变量
//**************************************************
void conversion(unsigned inttemp_data)
{
    wan=temp_data/10000+0x30 ;
    temp_data=temp_data%10000;  //取余运算
    qian=temp_data/1000+0x30 ;
    temp_data=temp_data%1000;   //取余运算
    bai=temp_data/100+0x30  ;
    temp_data=temp_data%100;    //取余运算
    shi=temp_data/10+0x30    ;
    temp_data=temp_data%10;   //取余运算
    ge=temp_data+0x30;
}
/*************************延时函数1*************************/
void delay(unsigned int k)
{
    unsigned int i,j;
    for(i=0;i<k;i++)
```

```
    {
    for(j=0;j<121;j++)
    {;}
    }
}
/***************************延时函数2**************************/
void Delay5us()
{
    _nop_();_nop_();_nop_();_nop_();
    _nop_();_nop_();_nop_();_nop_();
    _nop_();_nop_();_nop_();_nop_();
}
/***************************延时5ms**************************/
void Delay5ms()
{
        unsigned short n = 560;
        while (n--);
}
/***************************起始信号**************************/
void ADXL345_Start()
{
    SDA = 1;              //拉高数据线
    SCL = 1;              //拉高时钟线
    Delay5us();           //延时
    SDA = 0;              //产生下降沿
    Delay5us();           //延时
    SCL = 0;              //拉低时钟线
}
/***************************停止信号**************************/
void ADXL345_Stop()
{
    SDA = 0;              //拉低数据线
    SCL = 1;              //拉高时钟线
    Delay5us();           //延时
    SDA = 1;              //产生上升沿
    Delay5us();           //延时
}
/***************************发送应答信号**************************/
void ADXL345_SendACK(bit ack)
{
    SDA = ack;            //写应答信号
    SCL = 1;              //拉高时钟线
    Delay5us();           //延时
    SCL = 0;              //拉低时钟线
    Delay5us();           //延时
}
/***************************接收应答信号**************************/
bit ADXL345_RecvACK()
```

```c
{
    SCL = 1;              //拉高时钟线
    Delay5us();           //延时
    CY = SDA;             //读应答信号
    SCL = 0;              //拉低时钟线
    Delay5us();           //延时
    return CY;
}
/*********************向IIC总线发送一个字节数据*****************/
void ADXL345_SendByte(unsigned char dat)
{
    unsigned char i;
    for (i=0; i<8; i++)        //8位计数器
    {
        dat<<= 1;                    //移出数据的最高位
        SDA = CY;                    //送数据口
        SCL = 1;                     //拉高时钟线
        Delay5us();                  //延时
        SCL = 0;                     //拉低时钟线
        Delay5us();                  //延时
    }
    ADXL345_RecvACK();
}
/*********************从IIC总线接收一个字节数据*****************/
unsigned char ADXL345_RecvByte()
{
    unsigned char i;
    unsigned char dat = 0;
    SDA = 1;            //使能内部上拉,准备读取数据
    for (i=0; i<8; i++)        //8位计数器
    {
        dat<<= 1;
        SCL = 1;           //拉高时钟线
        Delay5us();        //延时
        dat|= SDA;         //读数据
        SCL = 0;           //拉低时钟线
        Delay5us();        //延时
    }
    returndat;
}
/******************************单字节写入********************/
void Single_Write_ADXL345(unsigned char REG_Address,unsigned char REG_data)
{
    ADXL345_Start();                //起始信号
    ADXL345_SendByte(SlaveAddress); //发送设备地址+写信号
    ADXL345_SendByte(REG_Address);  //内部寄存器地址
    ADXL345_SendByte(REG_data);     //内部寄存器数据
    ADXL345_Stop();                 //发送停止信号
```

```
}
/*******************************单字节读取************************/
unsigned char Single_Read_ADXL345(unsigned char REG_Address)
{   unsigned char REG_data;
    ADXL345_Start();                          //起始信号
    ADXL345_SendByte(SlaveAddress);                 //发送设备地址+写信号
    ADXL345_SendByte(REG_Address);                  //发送存储单元地址,从0开始
    ADXL345_Start();                          //起始信号
    ADXL345_SendByte(SlaveAddress+1);               //发送设备地址+读信号
    REG_data=ADXL345_RecvByte();                    //读出寄存器数据
    ADXL345_SendACK(1);
    ADXL345_Stop();                           //停止信号
    returnREG_data;
}
/***************连续读出ADXL345内部加速度数据,地址范围0x32~0x37**********/
void Multiple_read_ADXL345()
{
    unsigned char i;
    ADXL345_Start();              //起始信号
    ADXL345_SendByte(SlaveAddress);      //发送设备地址+写信号
    ADXL345_SendByte(0x32);          //发送存储单元地址,从0x32开始
    ADXL345_Start();              //起始信号
    ADXL345_SendByte(SlaveAddress+1);    //发送设备地址+读信号
    for (i=0; i<6; i++)             //连续读取6个地址数据,存储中BUF
    {
        BUF[i] = ADXL345_RecvByte();    //BUF[0]存储0x32地址中的数据
        if (i == 5)
        {
            ADXL345_SendACK(1);        //最后一个数据需要回NOACK
        }
        else
        {
            ADXL345_SendACK(0);        //回应ACK
        }
    }
    ADXL345_Stop();              //停止信号
    Delay5ms();
}
/**************************初始化ADXL345***************************/
void Init_ADXL345()
{
    Single_Write_ADXL345(0x31,0x0B); //测量范围,正负16g, 13位模式
    Single_Write_ADXL345(0x2C,0x08); //速率设定为12.5
    Single_Write_ADXL345(0x2D,0x08); //选择电源模式
    Single_Write_ADXL345(0x2E,0x80); //使能 DATA_READY 中断
    Single_Write_ADXL345(0x1E,0x00); //X 偏移量根据测试传感器的状态
    Single_Write_ADXL345(0x1F,0x00); //Y 偏移量根据测试传感器的状态
    Single_Write_ADXL345(0x20,0x05); //Z 偏移量根据测试传感器的状态
```

```
}
/*******************************显示模版************************/
void display()
{
    unsigned char code str0[]={"X 轴： "};
    unsigned char code str1[]={"Y 轴： "};
    unsigned char code str2[]={"Z 轴： "};
    unsigned char code str3[]={"面角： "};
    LcmInit();
    LCDwr_string(str0,1,0);
    LCDwr_string(str1,2,0);
    LCDwr_string(str2,3,0);
    LCDwr_string(str3,4,0);
}
/*******************************主函数************************/
void main()
{
    int data_xyz[3];
    unsigned char devid;
    float Roll,Pitch,zz,Q,T,K;
    unsigned char str3[4];
    unsigned char str4[4];
    unsigned char str5[4];
    unsigned char str6[4];
    delay(500);                                  //上电延时
    LcmInit();
    Init_ADXL345();
    display();
    devid=Single_Read_ADXL345(0X00);            //读出的数据为0XE5,表示正确
    while(1)
    {
        Init_ADXL345();                          //初始化ADXL345
        Multiple_read_ADXL345();                 //连续读出数据，存储在BUF中
        data_xyz[0]=(BUF[1]<<8)+BUF[0];          //合成数据
        data_xyz[1]=(BUF[3]<<8)+BUF[2];
        data_xyz[2]=(BUF[5]<<8)+BUF[4];
        Q=(float)data_xyz[0]*3.9;                //分别是加速度X，Y，Z的原始数据，10位的
        T=(float)data_xyz[1]*3.9;
        K=(float)data_xyz[2]*3.9;
        Roll=(float)(((atan2(K,Q)*180)/3.1416)-90);   //X轴角度值
        Pitch=(float)(((atan2(K,T)*180)/3.1416)-90);  //Y轴角度值
        //zz=(float)((atan2(Q,K)*180)/3.1416);          //Z轴角度值
        zz=(float)((atan(sqrt(Q*Q+T*T)/K)*180)/3.1416); //Z轴角度值
        if(zz<0){zz=-zz;}
        if(Q<0)
        {
        Q=-Q;
        str3[0]='-';
            }
```

```
        else
        {
                str3[0]=' ';
        }
        conversion(Q);
        str3[1]=qian;
        str3[2]='.';
        str3[3]=bai;
        str3[4]=shi;
        str3[5]=0;
        LCDwr_string(str3,1,4);
        if(T<0)
        {
            T=-T;
            str4[0]='-';
        }
        else
        {
            str4[0]=' ';
        }
        conversion(T);
        str4[1]=qian;
        str4[2]='.';
        str4[3]=bai;
        str4[4]=shi;
        str4[5]=0;
        LCDwr_string(str4,2,4);
        if(K<0)
        {
        K=-K;
        str5[0]='-';
        }
        else
        {
        str5[0]=' ';
        }
        conversion(K);
        str5[1]=qian;
        str5[2]='.';
        str5[3]=bai;
        str5[4]=shi;
        str5[5]=0;
        LCDwr_string(str5,3,4);
        sprintf(str6,"%5.2f",zz);
        LCDwr_string(str6,4,4);
        delay(400);            //延时，如果单片机处理速度较快把延迟时间适当延长
        delay(400);            //延时，如果单片机处理速度较快把延迟时间适当延长
        }
}
```

附录D 光电液位检测仪的电路原理图

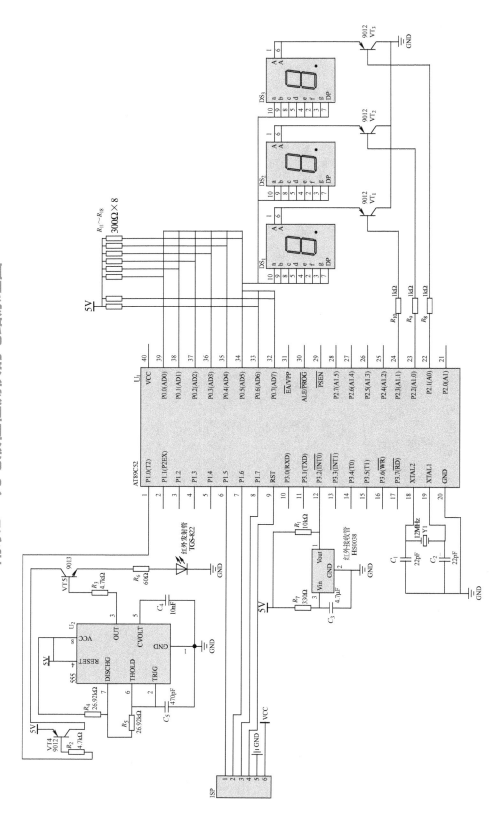

附录E 智能家居中温度测量仪的电路原理图

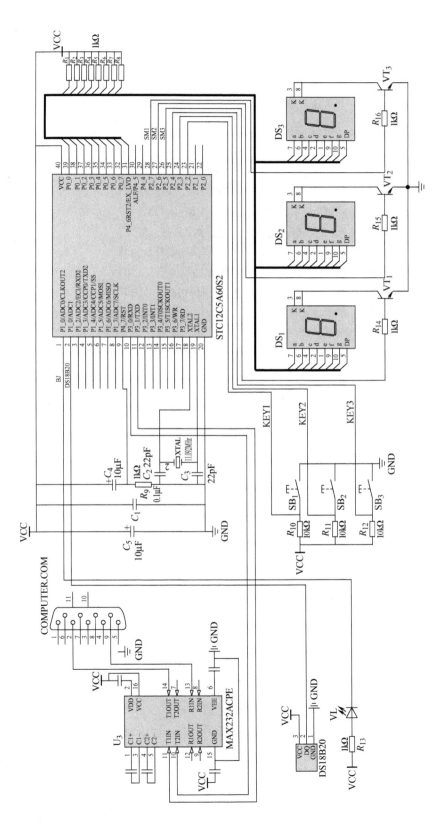

项目6 项目7 项目8 项目9 附录

参 考 文 献

[1] 刘少强，张靖．现代传感器器技术[M]．北京：电子工业出版社，2014.

[2] 芦锦波．传感器技术应用[M]．北京：机械工业出版社，2014.

[3] 刘文静．传感器技术应用[M]．北京：电子工业出版社，2013.

[4] 刘伦富，周志文．传感器技术应用与技能训练[M]．北京：机械工业出版社，2012.

[5] 吴亚林．物联网用传感器[M]．北京：电子工业出版社，2012.

[6] 魏虹．传感器与物联网技术[M]．北京：电子工业出版社，2012.

[7] 松井邦彦．传感器应用技巧141例[M]．北京：科学出版社，2006.

[8] 王俊峰．现代传感器应用技术[M]．北京：机械工业出版社，2006.

[9] 周润景．传感器与检测技术[M]．北京：电子工业出版社，2009.

[10] 梁森．传感器与检测技术项目教程[M]．北京：机械工业出版社，2015.

[11] 徐军，冯辉．传感器技术基础与应用实训[M]．2版．北京：电子工业出版社，2014.